Unnützes Wissen
Geografie

77 unterhaltsame und interessante Fakten aus der Welt der Geografie

Lindsay Moon

WWW.LINDSAYMOON.DE

INHALTSVERZEICHNIS

EINLEITUNG 5
BRENNENDE WUNDE DER ERDE 7
KLEINSTER STAAT DER WELT 9
DIE NORDWESTPASSAGE 11
DÜNEN VON SOSSUSVLEI 13
LEBEN IM EISSCHRANK 15
PINKES PARADIES 17
DORF AUF DEM WASSER 19
UNTERIRDISCHE WUNDERWELT 21
MIT HUMOR GEGEN LANGEWEILE 23
INSEL DER VERSÖHNUNG 25
CHINAS BUNTE WUNDERWELT 27
MIKROSTAAT AUF HOHER SEE 29
GEISTERSTADT AUF DEM MEER 31
KARTOGRAFISCHES WUNDERWERK 33
GEHEIMNISVOLLE INSEL 35
MYTHOS UND NATURWUNDER 37
EINZIGARTIGES NATURPHÄNOMEN 39
SCHWITZEN GARANTIERT 41
BEEINDRUCKENDES HÖHLENSYSTEM 43
SIBIRIENS WINTERZAUBER 45
TEKTONISCHE WUNDERWELT 47
LEBEN IM EINKLANG 49
ZHANGJIAJIES HIMMELHOHE GIPFEL 51
ABGRUND DER ERDE 53

VERSTECKTE AMAZONAS METROPOLE	55
RÄTSEL DES SÜDENS	57
EIN KARTOGRAFISCHER FEHLER	59
LANDBRÜCKE ZUR NEUEN WELT	61
LANDGEWINNUNG IM MEER	63
ADRENALIN PUR	65
KALIFORNIENS BEBENZONE	67
TIEFSTES WUNDER DER ERDE	69
THRONWECHSEL DER GIGANTEN	71
SCHÄTZE UND BRODELNDE GEYSIRE	73
VIOLETTE WELLEN BIS ZUM HORIZONT	75
ATLANTISCHES MYSTERIUM	77
LEBEN UND STERBEN IN POMPEJI	79
FEURIGE APOKALYPSE	81
EIN KLEINOD IN DEN ALPEN	83
EIN DORF – ZWEI LÄNDER	85
GRENZÜBERGREIFENDE HARMONIE	87
UNBEKANNTES LAND IN AFRIKA	89
EIN BUDDHISTISCHES WUNDERLAND	91
MEHR ALS NUR REGEN	93
DIE IMAGINÄRE LINIE	95
ZWEI WELTEN VEREINT	97
ISTHMUS VON PANAMA	99
SCHEIBE ODER KUGEL?	101
LÄNGSTE GEMEINSAME GRENZE	103
DER ATLANTIS-MYTHOS	105
RISS DURCH AFRIKA	107

- BEEINDRUCKENDER SCHUTZSCHILD 109
- LEBEN IN DER TROCKENHEIT 111
- ENDLOSE KÜSTENLANDSCHAFT 113
- GRENZENLOSE WEITE 115
- PERUS FASZINIERENDES RÄTSEL 117
- ITALIENS STIEFELFORM 119
- GESTRECKTE KONTINENTE 121
- DER WINDIGSTE ORT DER ERDE 123
- DAS JUWEL SIBIRIENS 125
- VON ALASKA NACH ARGENTINIEN 127
- HÖCHSTER BERG DER WELT? 129
- NATURWUNDER IM NORDEN 131
- UNENDLICHE WEITE DES PAZIFIKS 133
- NATURSPEKTAKEL ANGEL FALLS 135
- TANZENDES LICHT DER POLE 137
- UNTERWASSERPARADIESE 139
- SCHMELZENDE SCHÄTZE 141
- FEUERBERGE DER ERDE 143
- DAS GRÜNE GOLD CEYLONS 145
- FLAMINGOS UND VULKANE 147
- VON TIBET BIS VIETNAM 149
- GOLDRAUSCH AM LIMIT DER HÖHE 151
- INSEL IM WANDEL 153
- DIE EINSAMSTE INSEL DER WELT 155
- TANZ VON MOND UND SONNE 157
- ZUM SCHMUNZELN 159
- IMPRESSUM 166

EINLEITUNG

Vergessen Sie die Landkarten, die Sie zu kennen glauben. Das wahre Wunder unseres Planeten liegt nicht in den bekannten Kontinenten, sondern in den unerwarteten Fakten, die unsere Welt zu einem unendlich komplexen und spannenden Ort machen. Dieses Buch entführt Sie an die entlegensten Orte, zu den höchsten Gipfeln und tiefsten Tälern unseres Planeten, wo sich die Gesetze der Natur auf spektakuläre Weise offenbaren. Wir lüften die Geheimnisse von Kräften und Phänomenen, die unser tägliches Leben beeinflussen, aber deren Ursprung oft im Verborgenen liegt.

Haben Sie sich jemals gefragt, welches Land die längste Küstenlinie der Welt besitzt – oder welcher Ort auf der Erde am weitesten von allen anderen entfernt ist? In diesem Buch werden Sie Antworten auf diese und viele weitere faszinierende Fragen finden. Doch Vorsicht: Dies ist kein gewöhnliches Geografie-Buch. Hier geht es nicht um trockene Fakten und Zahlen, sondern um die geheimnisvollen Geschichten und erstaunlichen Phänomene, die unsere Welt zu einem wahrhaft magischen Ort machen.

Von den mysteriösen Gezeitenkräften bis hin zu den verborgenen Schätzen unter unseren Meeren, von den kuriosesten Grenzverläufen bis zu den erstaunlichsten Naturphänomenen – dieses Buch nimmt Sie mit auf eine abenteuerliche Entdeckungsreise rund um den Globus. Sie werden staunen, lachen und vielleicht sogar das ein oder andere Mal den Kopf schütteln, wenn Sie die erstaunlichen Geheimnisse unserer Erde enthüllen.

Egal, ob Sie ein begeisterter Weltenbummler sind, der schon die entlegensten Ecken unseres Planeten erkundet hat, oder ob Sie einfach nur neugierig auf die Wunder unserer Welt sind – dieses Buch bietet für jeden etwas. Also schnallen Sie sich an und machen Sie sich bereit für eine Reise, die Sie so schnell nicht vergessen werden.

BRENNENDE WUNDE DER ERDE

Im Herzen der Karakum-Wüste in Turkmenistan liegt ein faszinierendes und unheimliches Naturphänomen: der Darwaza-Gaskrater, auch bekannt als das »Tor zur Hölle«. Im Jahr 1971 entdeckten sowjetische Geologen während einer Bohrung zufällig eine große unterirdische Höhle voller Erdgas. Doch die Bohrplattform stürzte ein und hinterließ ein großes, klaffendes Loch. Um das Austreten des gefährlichen Methangases zu verhindern, entschieden sich die Geologen, das Gas zu entzünden, in der Hoffnung, es würde innerhalb weniger Tage ausbrennen.

Stattdessen brennt das Gas bis heute ununterbrochen und beleuchtet die Wüste mit einem gespenstischen Glühen. Der Krater hat einen Durchmesser von etwa 70 Metern und eine Tiefe von 20 Metern. Bei Nacht wirkt das Feuer besonders spektakulär und zieht wagemutige Abenteurer, Wissenschaftler und Touristen gleichermaßen an. Der Anblick des brennenden Kraters inmitten der dunklen Wüste hat ihm seinen eindrucksvollen Namen eingebracht.

Der Darwaza-Gaskrater ist nicht nur ein Naturwunder, sondern auch ein Symbol für die unvorhersehbaren Folgen menschlicher Eingriffe in die Natur. Die Gase, die aus der Tiefe strömen, sind für ihre hohe Schwefelwasserstoff-Konzentration bekannt, was die Luft in der unmittelbaren Nähe potenziell toxisch macht. Trotz der extremen Hitze und der unwirtlichen Umgebung haben sich einige Insekten und kleinere Tiere an die lebensfeindlichen Bedingungen angepasst. Besucher berichten von einer surrealen Atmosphäre, wenn sie am Rand des Kraters stehen und in das lodernde Feuer blicken.

Lokale Wissenschaftler und sogar der Präsident Turkmenistans haben in der Vergangenheit über Pläne zur endgültigen Löschung des Feuers gesprochen, doch die logistische und finanzielle Herausforderung ist gigantisch.

KLEINSTER STAAT DER WELT

Als kleinster Staat der Welt erstreckt sich Vatikanstadt über nur 44 Hektar (0,44 Quadratkilometer) mitten in Rom, Italien. Trotz seiner winzigen Größe ist er das spirituelle und administrative Zentrum der römisch-katholischen Kirche und die offizielle Residenz des Papstes.

Die Geschichte des Vatikans reicht bis ins 4. Jahrhundert zurück, als die Basilika über dem Grab des heiligen Petrus errichtet wurde. Im Jahr 1929 wurde Vatikanstadt durch die Lateranverträge mit Italien, welche die Souveränität garantierten, offiziell zu einem souveränen Staat.

Die beeindruckende Peterskirche dominiert den Staat mit ihrer majestätischen Kuppel, die von Michelangelo entworfen wurde. In den Vatikanischen Museen befinden sich einige der bedeutendsten Kunstwerke der Welt, darunter die Sixtinische Kapelle mit Michelangelos berühmtem Deckenfresko. Hinter den Mauern leben weniger als 1000 Einwohner, darunter Kleriker und Mitglieder der Schweizergarde. Vatikanstadt hat seine eigenen Gesetze, eine eigene Armee – die Schweizergarde – und gibt eigene Euro-Münzen heraus. Aufgrund seiner unvergleichlichen Konzentration an historischen Gebäuden und Kunstwerken ist die gesamte Vatikanstadt als einziges Land der Welt vollständig zum UNESCO-Weltkulturerbe erklärt worden.

Obwohl Italienisch die am häufigsten gesprochene Alltagssprache ist, dient Latein offiziell weiterhin als Amtssprache des Staates. Die tägliche Routine der Bewohner bleibt ein gut gehütetes Geheimnis. Der Staat ist klein, dennoch hat er eine beeindruckende globale Reichweite und spielt eine zentrale Rolle in internationalen Angelegenheiten. Vatikanstadt ist ein einzigartiger Staat, der sowohl ein spirituelles Zentrum als auch ein Schatz der Kunst und Geschichte ist.

DIE NORDWESTPASSAGE

Die Nordwestpassage, eine legendäre Seeroute durch den Arktischen Ozean, verbindet den Atlantischen mit dem Pazifischen Ozean entlang der nördlichen Küste Nordamerikas und durch das kanadisch-arktische Archipel. Jahrhundertelang versuchten Entdecker vergeblich, diese Passage zu finden, in der Hoffnung, eine kürzere Handelsroute nach Asien zu entdecken.

Der britische Seefahrer Sir John Franklin unternahm 1845 eine berühmte, aber tragische Expedition mit seinen beiden Schiffen, der HMS Erebus und der HMS Terror, bei der er und seine gesamte Besatzung spurlos verschwanden. Erst Jahrzehnte später entdeckten Suchtrupps Hinweise auf das Schicksal der Expedition – eine Tragödie, die das Scheitern der frühen Versuche eindringlich unterstrich.

Die Nordwestpassage blieb lange Zeit von dicken Eisschichten blockiert und war für die kommerzielle Schifffahrt unpassierbar. Doch durch den Klimawandel und das Schmelzen des arktischen Eises ist die Passage in den letzten Jahren zunehmend schiffbar geworden.

Im Jahr 1906 gelang es schließlich dem norwegischen Entdecker Roald Amundsen, als Erster die gesamte Passage erfolgreich zu durchqueren. Dabei benötigte er drei Jahre, um die gefrorene Route mit seinem kleinen Schiff, der »Gjøa«, zu bewältigen und die nautischen Herausforderungen der Untiefen zu meistern.

Heute nutzen einige Frachtschiffe die Nordwestpassage während der kurzen Sommermonate, die oft nur von Mitte August bis Anfang Oktober dauern. Diese Route kann die Reisezeit zwischen Europa und Asien erheblich verkürzen, im Idealfall um etwa 4000 Seemeilen im Vergleich zur Fahrt durch den Panamakanal. Doch die Route bleibt gefährlich und umstritten, da das fragile arktische Ökosystem bedroht ist.

DÜNEN VON SOSSUSVLEI

In der Namib-Wüste, einer der ältesten und trockensten Wüsten der Welt, liegen die beeindruckenden wandernden Dünen von Sossusvlei. Diese gigantischen Sanddünen, einige der höchsten der Welt, erreichen Höhen von bis zu 300 Metern. Durch den unaufhörlichen Wind verändern die Dünen ständig ihre Form und Position, was ihnen ein dynamisches und lebendiges Aussehen verleiht.

Der Wind trägt den feinen Sand von einer Seite der Düne zur anderen, wodurch spektakuläre, wellenartige Muster entstehen. Das ständige Wandern der Dünen macht die Landschaft von Sossusvlei zu einem sich ständig verändernden Kunstwerk der Natur. Die Farben der Dünen variieren je nach Tageszeit von leuchtendem Orange bis tiefem Rot, was sie zu einem beliebten Ziel für Fotografen und Naturbegeisterte macht.

Besonders faszinierend ist die »Düne 45«, die aufgrund ihrer Nähe zur Hauptstraße und ihrer markanten Form oft bestiegen wird. Vom Gipfel der Düne bietet sich ein atemberaubender Blick über die endlose Wüste und die wandernden Sandberge. Das Schauspiel erinnert daran, wie mächtig und beständig die Naturkräfte sind, die diese surreal wirkende Landschaft formen.

Diese Dünen sind nicht nur ein geologisches Wunder, sondern auch ein Beweis für die unaufhörliche Veränderung und Anpassung der Natur in einer extremen Umgebung. Obwohl die Namib-Wüste seit schätzungsweise 55 Millionen Jahren existiert und fast kein Regen fällt, haben sich einige einzigartige Pflanzen- und Tierarten entwickelt, die ihre gesamte Feuchtigkeit allein aus dem morgendlichen Küstennebel beziehen.

Ein Besuch in Sossusvlei ist wie eine Reise in eine andere Welt, wo die Zeit langsamer vergeht und der Wind das Sagen hat.

LEBEN IM EISSCHRANK

Oimjakon, ein kleines Dorf in der russischen Republik Sacha (Jakutien), ist als das kälteste bewohnte Dorf der Welt bekannt. Hier sinken die Temperaturen regelmäßig auf unter minus 50 Grad Celsius, und der kälteste jemals gemessene Wert betrug minus 67,8 Grad Celsius im Jahr 1933. Trotz dieser extremen Kälte leben etwa 500 Menschen in Oimjakon und haben sich den harschen Bedingungen erstaunlich gut angepasst.

Das tägliche Leben in Oimjakon ist eine ständige Herausforderung: Autos müssen ständig laufen gelassen werden, damit die Motoren nicht einfrieren, und die Bewohner tragen mehrere Schichten Kleidung, um sich gegen die beißende Kälte zu schützen. Schulen bleiben bis minus 52 Grad Celsius geöffnet, und das Leben geht seinen gewohnten Gang, auch wenn der Atem der Menschen in der Luft gefriert.

Oimjakon bedeutet »nicht gefrierendes Wasser«, ein Hinweis auf eine nahe gelegene heiße Quelle, die das Überleben in dieser extremen Umgebung ermöglicht. Die Bewohner ernähren sich hauptsächlich von Fleisch, da der Boden zu gefroren ist, um Pflanzen anzubauen. Rentier- und Pferdefleisch sind Grundnahrungsmittel, und die Jagd spielt eine wichtige Rolle im täglichen Leben. Der Boden ist permanent gefroren, was als Permafrost bekannt ist, und dies stellt die Bewohner selbst bei Begräbnissen vor große Herausforderungen, da der Untergrund über Tage mit Feuer aufgetaut werden muss, bevor ein Grab ausgehoben werden kann.

Das Dorf zieht gelegentlich abenteuerlustige Touristen an, die die extremen Bedingungen selbst erleben wollen. Aufgrund der extrem trockenen Kälte, welche die Bakterienaktivität hemmt, herrscht in Oimjakon eine bemerkenswert saubere Luftqualität, die man an wenigen anderen Orten der Welt findet.

PINKES PARADIES

Der Lake Hillier, ein atemberaubender rosafarbener See auf der Insel Middle Island, der größten Insel des Recherche-Archipels im Bundesstaat Western Australia, fasziniert Besucher aus aller Welt. Seine auffallend pinke Farbe wirkt wie aus einem Märchen, doch sie ist ein vollkommen natürliches Phänomen. Die Farbe des Sees entsteht durch Mikroorganismen, insbesondere die Alge »Dunaliella salina« und bestimmte halophile Bakterien, die in den salzigen Gewässern gedeihen.

Diese Mikroorganismen produzieren rote Pigmente – genauer gesagt Carotinoide, wie sie auch in Karotten vorkommen – um das Sonnenlicht zu absorbieren, was dem See seine charakteristische rosa Farbe verleiht. Interessanterweise kann die Pinkfärbung des Sees auch nach dem Schöpfen des Wassers in einem Behälter sichtbar bleiben, was die chemische Stabilität der Pigmente demonstriert. Die hohe Salzkonzentration im Wasser verstärkt diesen Effekt zusätzlich. Lake Hillier behält seine intensive Farbe das ganze Jahr über, im Gegensatz zu anderen rosafarbenen Seen, die saisonal ihre Farbe ändern können.

Der See ist etwa 600 Meter lang und von einem schmalen Streifen Sand und Eukalyptuswäldern umgeben, was einen malerischen Kontrast zur lebhaften Farbe des Wassers bildet. Obwohl das Wasser von Lake Hillier stark salzhaltig ist, ist es für den Menschen völlig ungefährlich. Dennoch ist der See schwer zugänglich und kann am besten aus der Luft betrachtet werden, was einen spektakulären Anblick bietet.

Lake Hillier bleibt ein Geheimnis der Natur und ein wunderbares Beispiel für die vielfältigen und oft überraschenden Phänomene unseres Planeten. Die unberührte, leuchtende Schönheit des Sees erinnert daran, wie viel es in der Welt noch zu entdecken gibt.

DORF AUF DEM WASSER

In Kambodscha, auf dem größten Süßwassersee Südostasiens, dem Tonle-Sap-See, befindet sich das faszinierende schwimmende Dorf Kampong Phluk. Dieses einzigartige Dorf besteht aus Häusern, die auf Stelzen gebaut sind und sich mit den wechselnden Wasserständen des Sees bewegen. Die Bewohner von Kampong Phluk leben ein Leben, das eng mit dem Rhythmus des Wassers verbunden ist.

Während der Regenzeit steigt der Wasserstand des Tonle-Sap-Sees dramatisch an, wodurch die Stelzenhäuser scheinbar auf dem Wasser schweben und die Fischer ihre Netze direkt von den Veranden aus auswerfen können. In der Trockenzeit hingegen sinkt der Wasserstand und legt die langen Stelzen frei, auf denen die Häuser ruhen, wodurch das Dorf nun auf trockenem Boden steht. Die Dorfbewohner haben ihre Lebensweise perfekt an diese natürlichen Zyklen angepasst, indem sie hauptsächlich von Fischfang und Landwirtschaft leben.

Boote sind das Hauptverkehrsmittel und die Bewohner nutzen sie, um zur Schule, zum Markt und zu ihren Nachbarn zu gelangen. Trotz der Herausforderungen, die das Leben auf dem Wasser mit sich bringt, haben die Menschen hier eine enge Gemeinschaft aufgebaut. Die schwimmenden Schulen, Kirchen und Geschäfte sind ein Beweis für die Anpassungsfähigkeit und den Einfallsreichtum der Bewohner. Diese amphibische Lebensweise ist nur möglich, weil der Tonle-Sap-See einen der ungewöhnlichsten hydrologischen Zyklen der Welt aufweist: Er wechselt zweimal jährlich die Fließrichtung und seine Oberfläche kann sich von 2500 auf über 15.000 Quadratkilometer ausdehnen.

Das schwimmende Dorf von Tonle Sap zieht auch viele Touristen an, die die einzigartige Lebensweise und die malerische Umgebung erleben möchten.

UNTERIRDISCHE WUNDERWELT

Die erdinnerlichen Flüsse von Puerto Princesa, gelegen auf der philippinischen Insel Palawan, sind ein beeindruckendes Naturwunder und gehören zum UNESCO-Weltkulturerbe. Der Puerto-Princesa-Subterranean-River-Nationalpark umfasst einen acht Kilometer langen unterirdischen Fluss, der durch eine beeindruckende Tropfsteinhöhle fließt und schließlich ins Südchinesische Meer mündet.

Besucher können auf Bootstouren die mystische Schönheit der Höhle erkunden, die von atemberaubenden Stalaktiten und Stalagmiten geschmückt ist. Das Wasser des Flusses ist kristallklar und spiegelt die faszinierenden Formationen wider, die über Jahrtausende entstanden sind. Die Höhle beherbergt auch eine vielfältige Tierwelt, darunter Fledermäuse, Schwalben und zahlreiche Fischarten, die sich an das Leben in der Dunkelheit angepasst haben.

Die Tour durch den unterirdischen Fluss führt die Besucher in eine magische Welt aus Kalksteinformationen und stillen Gewässern. Ein Highlight ist die sogenannte »Kathedrale«, eine riesige Kammer mit hohen Decken, die an die Innenräume gotischer Kirchen erinnert. Die Akustik in dieser Kammer ist beeindruckend, und das Tropfen des Wassers erzeugt ein nahezu mystisches Echo. Der Fluss ist nicht nur der längste schiffbare unterirdische Fluss der Welt, sondern die Höhle zeichnet sich auch durch eine der vollständigsten und größten Kammern von Kalkstein-Karstlandschaften aus, die jemals entdeckt wurden.

Der Puerto-Princesa-Subterranean-River-Nationalpark ist nicht nur ein beliebtes Touristenziel, sondern auch ein wichtiges Forschungsgebiet für Geologen und Biologen. Die einzigartige Geologie und Biodiversität der Höhle bieten wertvolle Einblicke in die Entstehung und Entwicklung unterirdischer Ökosysteme.

MIT HUMOR GEGEN LANGEWEILE

Boring, Oregon, ist ein kleiner Ort im Clackamas County, der etwa 40 Kilometer südöstlich von Portland liegt. Trotz seines unscheinbaren Namens, der im Englischen »langweilig« bedeutet, hat dieser Ort eine interessante Geschichte und eine charmante Gemeinde. Der Name stammt von William H. Boring, einem Veteranen des Bürgerkriegs und frühen Siedler der Region, der sich dort im 19. Jahrhundert niederließ.

Die Bewohner von Boring haben ihren ungewöhnlichen Namen mit viel Humor angenommen und nutzen ihn für kreative Marketingkampagnen. Sie veranstalten regelmäßig Events und Festivals, bei denen der Name im Mittelpunkt steht, um Touristen anzulocken und ihre einzigartige Identität zu feiern. Diese selbstironische Haltung hat Boring zu einem beliebten Ziel für Reisende gemacht, die das Ungewöhnliche und Amüsante suchen.

Eine der bekanntesten Aktionen der Stadt war die Städtepartnerschaft mit Dull, einer kleinen Gemeinde in Schottland, die 2012 gegründet wurde. Diese Partnerschaft, die offiziell als »Boring & Dull Day« gefeiert wird, brachte den beiden Orten viel Aufmerksamkeit und wurde zu einer humorvollen Möglichkeit, Tourismus zu fördern und internationale Freundschaften zu pflegen. Im Jahr 2017 schloss sich Bland, Australien, der Partnerschaft an, wodurch das Trio »Boring, Dull, and Bland« entstand.

Die lokale Wirtschaft in Boring stützt sich hauptsächlich auf die Forstwirtschaft, die Landwirtschaft und den Gartenbau, wobei die humorvolle Ortsbezeichnung auf vielen lokalen Produkten und Souvenirs zu finden ist.

Die Bewohner von Boring sind stolz auf ihren einzigartigen Ortsnamen und die Geschichte dahinter. Sie haben es geschafft, den vermeintlich langweiligen Namen in eine Quelle des Stolzes und der Gemeinschaft zu verwandeln.

INSEL DER VERSÖHNUNG

Pheasant Island, auch bekannt als Île de los Faisanes (Insel der Fasane), ist eine winzige Insel im Fluss Bidasoa, der die Grenze zwischen Spanien und Frankreich bildet. Diese Insel ist ein faszinierendes Symbol für die wechselvolle Geschichte und die Beziehung zwischen den beiden Ländern, da sie den Status eines Kondominiums der ungewöhnlichsten Art genießt.

Die Geschichte von Pheasant Island reicht bis ins Mittelalter zurück, als sie Teil des Königreichs Navarra war. Im Jahr 1659 wurde die Insel zum Schauplatz des Vertrags von den Pyrenäen, der den Dreißigjährigen Krieg beendete und den Pyrenäenfrieden zwischen Spanien und Frankreich besiegelte. Als Teil dieses Vertrags wurde beschlossen, dass Pheasant Island eine neutrale Zone sein und alle sechs Monate die Besitzer wechseln sollte.

Seitdem wechselt die Insel alle sechs Monate zwischen spanischem und französischem Besitz. Diese Zeremonie, bekannt als »Handover der Insel der Fasane«, ist ein symbolischer Akt der Versöhnung zwischen den beiden Ländern und dient dazu, die Einheit und Harmonie zu betonen, trotz der historischen Konflikte und Rivalitäten.

Die Insel ist unbewohnt und hat keine dauerhaften Strukturen außer einem Gedenkstein, der an den Pyrenäenfrieden erinnert. Während der Wechselzeremonie treffen sich Delegationen aus Spanien und Frankreich auf der Insel, um die Flaggen zu tauschen und symbolisch die Souveränität zu übergeben. Die Verwaltung wird jeweils vom Kommandanten der spanischen Marine in San Sebastián und dem französischen Seekommandanten in Bayonne übernommen, wobei der Wechsel offiziell am 1. Februar und am 1. August stattfindet. Obwohl die Bedeutung von Pheasant Island in politischer Hinsicht begrenzt ist, ist sie ein bemerkenswertes Symbol für die Möglichkeiten friedlicher Diplomatie.

CHINAS BUNTE WUNDERWELT

Die Danxia-Landschaften in China sind ein geologisches Wunder, bekannt für ihre leuchtenden, farbenfrohen Felsformationen. Diese Landschaften entstanden über Millionen von Jahren durch die Ablagerung und Erosion von Sandstein, der durch Eisenoxid und andere Mineralien rote, gelbe, grüne, blaue und violette Farben zeigt. Besonders beeindruckend ist der Zhangye Danxia National Geological Park in der Provinz Gansu, wo die Felsen wellenartige Streifenmuster bilden.

Die Formationen umfassen scharfe Klippen, natürliche Brücken und tiefe Schluchten, die wie bizarre Kunstwerke wirken. Besucher können die atemberaubenden Panoramen von Aussichtsplattformen aus bewundern, besonders bei Sonnenaufgang und Sonnenuntergang, wenn die Farben besonders intensiv leuchten. Wissenschaftlich betrachtet handelt es sich bei den Felsen um sogenannte »Mesa«- und »Butte«-Formationen, die aus terrestrischem (nicht-marinem) rotem Gestein bestehen und das Produkt einer Hebung des tibetischen Plateaus sind. Die Danxia-Landschaften haben auch wissenschaftlichen Wert, da Geologen sie studieren, um mehr über die Geschichte der Erdkruste zu erfahren.

Neben ihrer geologischen Bedeutung haben sie auch kulturellen Wert, da einige Gebiete historische Tempel und Schreine beherbergen, die in die Felsen eingebettet sind. Aufgrund ihrer einzigartigen geologischen Entstehung und der beispiellosen ästhetischen Merkmale wurden die Danxia-Formationen im Jahr 2010 von der UNESCO offiziell als Weltnaturerbe anerkannt. Die Danxia-Landschaften sind ein lebendiges Beispiel für die Schönheit und Vielfalt der Natur und zeigen, wie die Kräfte der Erde über Jahrmillionen hinweg erstaunliche Kunstwerke schaffen können. Sie sind ein Zeugnis für die geologische Geschichte der Erde und ein Ort, an dem die Farben der Natur in ihrer ganzen Pracht zur Schau gestellt werden.

MIKROSTAAT AUF HOHER SEE

Sealand ist eine selbsternannte Mikronation, die 1967 von Roy Bates auf einer ehemaligen Marineplattform in der Nordsee, etwa 12 Kilometer vor der Küste Großbritanniens, gegründet wurde. Ursprünglich wollte Bates dort einen Piratensender betreiben, entschied sich jedoch, die Plattform zur unabhängigen Nation zu erklären und nannte sie »Principality of Sealand« (Fürstentum Sealand).

Sealand hat eigene Pässe, Briefmarken, Währung und eine Nationalhymne. Eine dramatische Episode ereignete sich 1978, als der deutsche Geschäftsmann Alexander Achenbach versuchte, die Plattform mit Söldnern zu übernehmen. Roy Bates und sein Sohn Michael führten einen Gegenangriff durch und nahmen die Eindringlinge gefangen. Die deutsche Regierung intervenierte, um Achenbachs Freilassung zu verhandeln, was Sealand als Anerkennung seiner Souveränität ansah. Bei der Gründung lag die Plattform bewusst außerhalb der damaligen 3-Meilen-Zone der britischen Hoheitsgewässer, was Roy Bates das Argument lieferte, die Plattform sei »Terra Nullius« (niemands Land) und könne rechtmäßig beansprucht werden.

Sealand hat im Laufe der Jahre versucht, internationale Anerkennung zu erlangen, blieb jedoch erfolglos. Es bietet Adelstitel zum Verkauf an und betreibt verschiedene Online-Dienste, um Einnahmen zu generieren. Obwohl nicht offiziell anerkannt, bleibt Sealand ein Symbol für individuelle Souveränität und Freiheit und wird von Roy Bates' Nachkommen verwaltet.

Obwohl Sealand von keinem souveränen Staat offiziell anerkannt wird, hat es sich zu einer kulturellen Ikone und einem Symbol für individuelle Souveränität und Freiheit entwickelt. Sealand bleibt ein faszinierendes Beispiel für die Möglichkeiten und Herausforderungen von Mikronationen in der modernen Welt.

GEISTERSTADT AUF DEM MEER

Hashima Island, auch bekannt als Gunkanjima oder »Schlachtschiffinsel«, liegt etwa 15 Kilometer vor der Küste von Nagasaki, Japan. Die Insel erhielt ihren Spitznamen aufgrund ihrer Ähnlichkeit mit einem Kriegsschiff. Hashima war einst eine dicht besiedelte Kohlebergbaustadt, die 1887 von Mitsubishi als Kohleabbaugebiet genutzt wurde.

In den 1950er Jahren erreichte die Insel ihren Höhepunkt, als über 5000 Menschen auf der winzigen Fläche von nur 6,3 Hektar lebten und arbeiteten. Damit wies die Insel zeitweise eine der höchsten Bevölkerungsdichten auf, die jemals weltweit in einem geschlossenen Gebiet verzeichnet wurde, was zu extrem beengten Wohn- und Lebensverhältnissen führte. Die Bewohner lebten in mehrstöckigen Betongebäuden, die speziell gebaut wurden, um der rauen See und den häufigen Taifunen standzuhalten. Es gab Schulen, Krankenhäuser, Geschäfte und sogar ein Kino – alles, was eine kleine Stadt benötigte.

Als die Kohlevorkommen in den 1960er Jahren zur Neige gingen und Erdöl Kohle als Hauptenergiequelle ersetzte, begann der Niedergang der Insel. Im Jahr 1974 wurde der Kohleabbau endgültig eingestellt, und die Insel wurde vollständig evakuiert. Die Bewohner verließen die Insel in einem verlassenen Zustand, was der Insel ein geisterhaftes Erscheinungsbild verleiht.

Heute ist Hashima ein faszinierendes Relikt der Industriegeschichte und zieht Abenteurer, Fotografen und Filmemacher aus der ganzen Welt an. Die verlassenen Hochhäuser und Fabriken stehen als stumme Zeugen einer vergangenen Ära und bieten einen eindrucksvollen Kontrast zur modernen japanischen Gesellschaft. Im Jahr 2015 wurde die Insel als Teil der »Stätten der Meiji-Industrialisierung Japans« zum UNESCO-Weltkulturerbe erklärt.

KARTOGRAFISCHES WUNDERWERK

Der Klencke-Atlas ist ein beeindruckendes Meisterwerk der Kartografie aus dem 17. Jahrhundert. Er wurde 1660 von Johannes Klencke, einem wohlhabenden niederländischen Zuckerhändler und Mitglied der berühmten Handelsfamilie Klencke, zusammengestellt. Klencke schenkte diesen Atlas dem englischen König Karl II. als diplomatisches Geschenk anlässlich der Wiederherstellung der Monarchie.

Der Klencke-Atlas ist einer der größten Atlanten der Welt und misst etwa 1,75 Meter in der Höhe und 1,90 Meter in der Breite, wenn er geöffnet ist. Diese monumentalen Dimensionen machen ihn zu einem außergewöhnlichen Werk der Kartografie, das nicht nur aufgrund seiner Größe, sondern auch wegen seiner detaillierten und präzisen Karten bemerkenswert ist.

Der Atlas besteht aus 37 großformatigen Karten, die die gesamte damals bekannte Welt abdecken. Diese Karten sind außergewöhnlich detailliert und wurden von einigen der besten Kartografen der Zeit, darunter Joan Blaeu, angefertigt. Die Karten im Klencke-Atlas umfassen verschiedene Regionen der Welt, einschließlich Europa, Asien, Afrika und Amerika. Sie bieten Einblicke in das geografische Wissen und die Weltanschauung des 17. Jahrhunderts.

Eine Besonderheit des Klencke-Atlas ist nicht nur seine Größe, sondern auch seine künstlerische Gestaltung. Die Karten sind reich an dekorativen Elementen, darunter aufwändige Kartuschen, mythologische Figuren und detaillierte Darstellungen von Städten und Landschaften.

Der Atlas wird heute in der British Library in London aufbewahrt und ist so kostbar, dass er nur selten für die Öffentlichkeit ausgestellt wird, was seine historische Bedeutung als Teil der Royal Collection unterstreicht.

GEHEIMNISVOLLE INSEL

Oak Island, eine kleine Insel vor der Küste von Nova Scotia, Kanada, ist seit Jahrhunderten ein Schauplatz von Spekulationen und Abenteuern auf der Suche nach einem verborgenen Schatz oder Geheimnis. Das Rätsel von Oak Island dreht sich um eine Grube, die als »Geldgrube« bekannt ist, und die zahlreiche Schatzsucher und Forscher angezogen hat.

Die Legende besagt, dass bereits im 18. Jahrhundert ein Schatz auf Oak Island versteckt wurde, möglicherweise von Piraten wie Captain Kidd oder der Freimaurer-Loge. Seitdem haben viele Expeditionen versucht, den Schatz zu bergen, jedoch ohne nachhaltigen Erfolg. Die Grube ist von zahlreichen Hinweisen, Fallen und unterirdischen Tunneln umgeben, die den Schatzsuchern immer wieder Rätsel aufgeben.

Eine der berühmtesten Expeditionen war die von der »Oak Island Money Pit Association«, die im Jahr 1861 unternommen wurde, bei der ein Bohrloch in die Grube getrieben wurde. Dabei stießen sie auf eine Reihe von Plattformen aus Holz und Gesteinsschichten, die den Zugang zum möglichen Schatz erschwerten. Trotz weiterer Bemühungen und moderner Technologien blieb der Schatz von Oak Island bis heute unentdeckt. Tragischerweise hat die Schatzsuche auf Oak Island bereits mehrere Todesopfer gefordert, was die Legende um einen Fluch des verborgenen Reichtums zusätzlich befeuert.

Das Rätsel von Oak Island hat zahlreiche Theorien hervorgebracht, darunter die Existenz von Piratenschätzen, den Ursprung der Freimaurer oder sogar verborgene Relikte der Templer. Trotz jahrhundertelanger Bemühungen und Millionen von investierten Dollars bleibt das Geheimnis von Oak Island ungelöst und fasziniert weiterhin Abenteurer und Historiker auf der ganzen Welt.

MYTHOS UND NATURWUNDER

Der Giant's Causeway, oder zu Deutsch »Damm des Riesen«, ist ein bemerkenswertes Naturwunder an der Nordküste Nordirlands. Er besteht aus einer außergewöhnlichen Ansammlung von etwa 40.000 sechseckigen Basaltsäulen, die wie eine riesige Mole aus dem Meer ragen und sich über eine Fläche von ungefähr 40.000 Quadratmetern erstrecken.

Die Legende besagt, dass der Giant's Causeway das Werk des irischen Riesen Fionn mac Cumhaill (auch als Finn McCool bekannt) sei. Laut der Sage wollte Fionn eine Brücke nach Schottland bauen, um sich mit dem schottischen Riesen Benandonner zu messen. Als er jedoch den riesigen Benandonner sah, bekam er es mit der Angst zu tun und floh nach Hause. Seine Frau verkleidete ihn als Baby, und als Benandonner ihn sah, erschrak er ob der Vorstellung, wie groß Fionn erst sein müsse, wenn sein »Baby« bereits so riesig sei. In seiner Angst zerstörte Benandonner die Brücke und der Giant's Causeway blieb zurück.

Die realistische Erklärung für die Entstehung des Giant's Causeway liegt jedoch in einem vulkanischen Ereignis vor etwa 50 bis 60 Millionen Jahren. Während eines Vulkanausbruchs floss heißes Magma in Richtung Meer und erstarrte beim Kontakt mit dem kalten Wasser zu Basaltgestein.

Die sechseckige Form der Säulen entstand durch die langsame Abkühlung und Schrumpfung des Gesteins. Die meisten Säulen weisen eine fast perfekte hexagonale Form auf, die das Resultat physikalischer Spannungen ist, die während des Abkühlungsprozesses eine optimale Aufteilung der Oberfläche in gleich große Bereiche erzwingen.

Heute ist der Giant's Causeway eine der bekanntesten Touristenattraktionen in Irland und ein UNESCO-Weltkulturerbe.

EINZIGARTIGES NATURPHÄNOMEN

Die »umgekehrten Wasserfälle« in Australien sind eigentlich ein Naturphänomen namens »Horizontal Waterfalls« oder »Horizontal Falls«, und sie befinden sich in der Region Kimberley in Westaustralien. Diese Wasserfälle unterscheiden sich von den traditionellen senkrechten Wasserfällen, da das Wasser durch enge Durchgänge zwischen steilen Klippen gepresst wird, was zu einem horizontalen Wasserstrom führt.

Das Phänomen entsteht durch den extremen Tidenhub in der Region Kimberley, der zu den größten der Welt gehört. Wenn die Flut einsetzt, strömt das Wasser mit enormer Kraft durch die schmalen Passagen zwischen den Klippen, wodurch es den Anschein hat, als würde ein Wasserfall horizontal fließen. Bei Ebbe kehrt sich der Fluss um und das Wasser strömt zurück, was zu einem weiteren Wasserfall in entgegengesetzter Richtung führt.

Die Horizontal Waterfalls sind nicht nur ein faszinierendes Naturphänomen, sondern auch ein beliebtes Touristenziel für Abenteuerlustige und Naturliebhaber. Besucher können Bootstouren unternehmen, um das Spektakel aus der Nähe zu erleben, oder sogar Rundflüge buchen, um die Wasserfälle aus der Luft zu bewundern. Der Unterschied zwischen Ebbe und Flut kann hier bis zu 10 Meter betragen, wodurch das Meerwasser mit gewaltiger Geschwindigkeit durch die nur 10 bis 20 Meter breiten Schluchten gepresst wird und dabei extreme Strömungen erzeugt.
Das Gebiet um die Horizontal Waterfalls ist auch für seine atemberaubende und einzigartige Landschaft mit steilen Klippen, smaragdgrünen Gewässern und einer reichen Tierwelt bekannt. Es ist ein Ort von außergewöhnlicher natürlicher Schönheit und bietet Besuchern die Möglichkeit, ein wunderbares und unvergessliches Abenteuer in der wilden und abgelegenen Landschaft Australiens zu erleben.

SCHWITZEN GARANTIERT

Das »Tal des Todes« in Kalifornien und die Danakil-Senke in Äthiopien gelten beide als einige der heißesten Orte auf der Erde, wo die Temperaturen regelmäßig extreme Werte von über 50 Grad Celsius erreichen. Das Tal des Todes, oder Death Valley, liegt im Südosten Kaliforniens und erstreckt sich bis in den Bundesstaat Nevada hinein. Es ist bekannt für seine trockene, wüstenartige Landschaft und seine rekordverdächtigen Temperaturen. Der tiefste Punkt des Tales, Badwater Basin, liegt rund 86 Meter unter dem Meeresspiegel und ist der tiefste Punkt Nordamerikas.

Die Kombination aus niedriger Höhe, geographischer Lage und Mangel an feuchter Luft führt zu extremen Hitzebedingungen, die das Tal des Todes zu einem der heißesten Orte der Welt machen. Hier wurde im Jahr 1913 die höchste jemals auf der Erde gemessene Lufttemperatur von 56,7 Grad Celsius offiziell registriert, was das Death Valley zum Inbegriff der globalen Hitzextreme macht.

Die Danakil-Senke in Äthiopien ist ebenfalls für ihre außergewöhnlich hohen Temperaturen bekannt. Sie liegt im östlichen Teil des Afrikanischen Grabenbruchs und ist eine der tiefsten und heißesten Regionen Afrikas.

Die Landschaft der Danakil-Senke ist geprägt von Vulkanen, Salzpfannen und heißen Quellen. Der Dallol-Krater in der Danakil-Senke ist einer der heißesten bewohnten Orte der Welt, mit Temperaturen, die oft die 50-Grad-Marke überschreiten.

Beide Orte sind extreme Umgebungen, die nur sehr begrenzt für menschliche Besiedlung geeignet sind. Dennoch sind sie aufgrund ihrer einzigartigen Landschaften und extremen Bedingungen für Wissenschaftler, Abenteurer und Entdecker von großem Interesse.

BEEINDRUCKENDES HÖHLENSYSTEM

Die Höhlen von Škocjan in Slowenien sind ein faszinierendes unterirdisches Höhlensystem, das Teil des UNESCO-Weltkulturerbes ist. Diese Höhlen zeichnen sich durch ihre beeindruckenden Schluchten, unterirdischen Flüsse und majestätischen Kavernen aus.

Das Höhlensystem von Škocjan erstreckt sich über eine Gesamtlänge von mehr als sechs Kilometern und bietet den Besuchern eine atemberaubende Reise durch eine der größten unterirdischen Schluchten der Welt.

Der Höhepunkt des Besuchs ist die Velika Doline, eine gigantische Kaverne, die von einem unterirdischen Fluss durchströmt wird und von bis zu 140 Meter hohen Felswänden umgeben ist. Dieser Fluss, die Reka, verschwindet an der Oberfläche abrupt in einer gewaltigen Schlucht und fließt Hunderte von Metern unterirdisch weiter, um erst Dutzende Kilometer entfernt wieder an die Oberfläche zu treten.

Die Höhlen von Škocjan sind auch für ihre einzigartige Tierwelt bekannt, darunter seltene Fledermausarten, die in den dunklen Höhlen ihr Zuhause gefunden haben. Während einer Tour durch die Höhlen können Besucher die geheimnisvolle Atmosphäre der unterirdischen Welt erleben und die spektakulären Höhlenformationen bewundern, darunter Stalaktiten, Stalagmiten und bizarre Felsformationen.

Der Besuch der Höhlen von Škocjan ist nicht nur ein Abenteuer für Naturliebhaber und Höhlenforscher, sondern auch eine Reise in die faszinierende Geschichte und Geologie der Region. Die Schönheit und der einzigartige Charakter dieser unterirdischen Welt machen die Höhlen von Škocjan zu einem unvergesslichen Erlebnis für alle, die sich für die Wunder der Natur begeistern.

SIBIRIENS WINTERZAUBER

Die »Eisringe« des Baikalsees sind ein bemerkenswertes Naturphänomen, das sich während der kalten Wintermonate in der Nähe der Insel Olkhon im Baikalsee in Sibirien, Russland, bildet. Diese kreisförmigen Strukturen werden oft als »Eisringe« oder »Eiskreise« bezeichnet und sind das Ergebnis eines faszinierenden Zusammenspiels von natürlichen Kräften und Bedingungen.

Die Eisringe entstehen durch die einzigartigen hydrologischen und meteorologischen Bedingungen des Baikalsees. Der Baikalsee, der tiefste und älteste Süßwassersee der Welt, ist im Winter extrem kalt, und die Oberfläche des Sees friert normalerweise zu einem dicken Eispanzer zu.

In einigen Gebieten des Sees, insbesondere in der Nähe von Unterwasserquellen oder Strömungen, kann jedoch warmes Wasser aufsteigen und das Eis schwächen.

Wenn warmes Wasser aus Unterwasserquellen aufsteigt und auf die eiskalte Oberfläche des Sees trifft, entsteht eine Art Wirbel oder Strudel. Diese Strudel wirken wie ein riesiger Schneebesen, der das Eis um sie herum in eine kreisförmige Form drückt. Das Ergebnis sind perfekt geformte »Eisringe«, die oft mehrere Meter im Durchmesser haben können. Wegen ihrer gigantischen Ausmaße – manche Ringe messen über vier Kilometer im Durchmesser – wurden die kreisförmigen Muster erstmals von Satelliten aus entdeckt, bevor ihre wahre Natur vor Ort wissenschaftlich bestätigt werden konnte.

Die Eisringe des Baikalsees sind nicht nur ein faszinierendes Naturphänomen, sondern auch ein beliebtes Ziel für Fotografen, Abenteurer und Naturbegeisterte. Sie sind ein Symbol für die einzigartige Schönheit und Vielfalt des Baikalsees und eine Erinnerung an die Kraft und den Zauber der Natur.

TEKTONISCHE WUNDERWELT

Der Mittelatlantische Rücken ist eine beeindruckende unterseeische Gebirgskette, die sich über etwa 16.000 Kilometer von der Arktis bis zur Antarktis erstreckt und den Atlantischen Ozean in zwei Hälften teilt. Diese Gebirgskette markiert eine divergente Plattengrenze, an der die Eurasische und die Nordamerikanische Platte im Norden sowie die Afrikanische und die Südamerikanische Platte im Süden auseinanderdriften.

An dieser Plattengrenze tritt Magma aus dem Erdinneren nach oben und kühlt ab, wodurch ständig neue ozeanische Kruste entsteht. Dieser Prozess, bekannt als Seafloor Spreading (Meeresbodenausbreitung), führt dazu, dass die Kontinente auf beiden Seiten des Rückens jedes Jahr einige Zentimeter weiter auseinanderdriften. Der kontinuierliche Zustrom von Magma bildet auch unterseeische Vulkane und führt zu vulkanischer Aktivität entlang des Rückens.

Obwohl der Großteil des Rückens unter der Meeresoberfläche verborgen liegt, ist er geologisch so massiv, dass seine höchsten Gipfel sogar die Höhe des Himalaya übertreffen würden, wenn man sie vom Meeresboden aus messen würde.

Ein bemerkenswertes Phänomen, das dort auftritt, sind die hydrothermalen Quellen, auch als »Schwarze Raucher« bekannt. Diese Quellen entstehen, wenn Meerwasser in die Risse und Spalten der ozeanischen Kruste eindringt, durch das heiße Magma erhitzt wird und dann wieder in den Ozean austritt, wobei es Mineralien und gelöste Metalle mit sich führt.

Diese mineralreichen Quellen schaffen einzigartige Ökosysteme, die von speziellen Organismen wie thermophilen Bakterien und Röhrenwürmern bewohnt werden, die in den extremen Bedingungen gedeihen.

LEBEN IM EINKLANG

Die schwimmenden Inseln des Titicacasees sind ein bemerkenswertes Beispiel für menschliche Anpassungsfähigkeit und traditionelle Baukunst. Diese künstlichen Inseln wurden von den Uros, einem indigenen Volk, aus Schilfrohr (Totora genannt) erbaut, das im See wächst.

Die Uros nutzen geschickt das Schilfrohr, um Plattformen zu bauen, die sie dann zu schwimmenden Inseln zusammenfügen. Diese sind äußerst stabil und können ganze Dörfer tragen, einschließlich Häusern, Booten und sogar Schulen. Die Uros haben ihre Lebensweise seit Jahrhunderten perfektioniert und passen sich den wechselnden Wasserständen des Sees an. Da das unterste Schilfrohr durch das Wasser stetig verrottet, müssen die Bewohner kontinuierlich neue Schichten an die Oberfläche weben und befestigen, um die Tragfähigkeit und den Auftrieb ihrer schwimmenden Heimat zu erhalten. Zudem liegt der Titicacasee in den Anden auf einer Höhe von über 3800 Metern und gilt damit als höchstgelegener kommerziell schiffbarer See der Welt, was die Leistung der dort lebenden Kulturen zusätzlich unterstreicht.

Diese einzigartigen Inseln sind nicht nur Wohnorte, sondern auch ein Beispiel für nachhaltige Lebensweise und ökologische Verantwortung. Die Uros verwenden das Schilfrohr nicht nur zum Bau ihrer Inseln, sondern auch für Nahrung, Medizin und Handwerk. Sie haben eine enge Beziehung zum See und seinen Ressourcen, die ihr tägliches Leben prägt.

Die schwimmenden Inseln sind nicht nur ein touristisches Highlight, sondern auch ein lebendiges Symbol für die kulturelle Vielfalt und Tradition der indigenen Völker Südamerikas. Ein Besuch auf diesen einzigartigen Inseln bietet einen Einblick in eine Welt, die im Einklang mit der Natur lebt und ihre traditionellen Werte bewahrt.

ZHANGJIAJIES HIMMELHOHE GIPFEL

Der Zhangjiajie-Nationalpark in China ist berühmt für seine spektakulären Felsnadeln und steilen Klippen, die wie etwas aus einer anderen Welt erscheinen. Diese markanten Formationen, die als »Avatar Mountains« bekannt sind, dienten als Inspiration für die schwebenden Bergsäulen im gleichnamigen Film von James Cameron.

Der Park erstreckt sich über eine Fläche von mehreren tausend Quadratkilometern und umfasst dichte Wälder, tiefe Schluchten und kristallklare Bäche. Die Felsnadeln, die sich aus den üppigen grünen Wäldern erheben, schaffen eine surreale Landschaft, die die Vorstellungskraft der Besucher beflügelt. Geologisch bestehen diese säulenartigen Berge aus Quarzit-Sandstein, dessen extreme Erosion durch die Einwirkung von Wasser und Eis über Millionen von Jahren diese fast senkrechten, hoch aufragenden Nadeln geschaffen hat. Viele der mehr als 3000 Säulen im Park tragen heute poetische Namen wie »Säule des Südhimmels« oder »Halle der Versammlung der Unsterblichen«, was ihre mystische Ausstrahlung weiter verstärkt.

Eine der bekanntesten Attraktionen des Parks ist der Bailong-Aufzug, der als der höchste gläserne Außenaufzug der Welt gilt und Besucher zu spektakulären Aussichtsplattformen bringt.

Zhangjiajie ist auch reich an biologischer Vielfalt und beherbergt eine Vielzahl seltener Pflanzen- und Tierarten. Besucher können hier Wanderungen unternehmen, um die einzigartige Flora und Fauna des Parks zu erkunden und vielleicht sogar den seltenen Chinesischen Laubfrosch zu entdecken. Seine einzigartige Landschaft und kulturelle Bedeutung machen ihn zu einem unvergesslichen Ort, den Besucher aus aller Welt bewundern und erkunden möchten.

ABGRUND DER ERDE

Der Marianengraben, der sich im westlichen Pazifik befindet, ist der tiefste bekannte Punkt auf der Erde. Innerhalb dieses Grabens liegt das Challenger-Tief, das eine Tiefe von etwa 10.994 Metern erreicht. Diese extreme Tiefe ist so groß, dass der gesamte Mount Everest in den Graben passen würde und noch fast zwei Kilometer Wasser darüber blieben.

In dieser nahezu unbekannten Welt herrschen extreme Bedingungen: völlige Dunkelheit, Temperaturen knapp über dem Gefrierpunkt und ein Druck, der mehr als tausendmal höher ist als an der Meeresoberfläche. Trotz dieser scheinbar lebensfeindlichen Umgebung haben sich hier erstaunliche Kreaturen entwickelt.

Zu den Bewohnern des Challenger-Tiefs gehören der Tiefseekrake und der »Geisterfisch«, auch bekannt als Schuppenloser Schneckenfisch. Diese Tiere haben außergewöhnliche Anpassungen entwickelt, um in der Dunkelheit und unter extremem Druck zu überleben. Der Geisterfisch hat zum Beispiel durchscheinende Haut und keine Schuppen, was ihm ein geisterhaftes Aussehen verleiht.

Ein weiteres faszinierendes Wesen ist der Riesenkalmar, der in diesen Tiefen lebt und zu den größten bekannten Weichtieren zählt. Diese gigantischen Kreaturen können bis zu 13 Meter lang werden und haben große Augen, die ihnen helfen, in der Dunkelheit zu navigieren. Tatsächlich haben bisher weniger Menschen das Challenger-Tief besucht, als auf dem Gipfel des Mount Everest standen, was die technologischen und physischen Herausforderungen dieser extremen Ozeanerkundung unterstreicht.

Marianengraben und Challenger-Tief bleiben eines der letzten großen Geheimnisse der Erde und ein aufregendes Ziel für zukünftige wissenschaftliche Entdeckungen.

VERSTECKTE AMAZONAS METROPOLE

Iquitos, Peru, ist eine der ungewöhnlichsten Städte der Welt, da sie die größte Stadt ist, die nicht über Straßen erreichbar ist. Diese Abgeschiedenheit verleiht ihr eine besondere Atmosphäre und macht sie zu einem faszinierenden Reiseziel. Tief im Herzen des peruanischen Amazonasgebiets gelegen, kann Iquitos nur per Boot oder Flugzeug erreicht werden.

Diese Isolation hat die Stadt zu einem wichtigen Knotenpunkt für den Amazonas-Regenwald gemacht, wo der Flussverkehr die Hauptlebensader darstellt. Die Anreise per Boot über den Amazonas oder einer seiner Nebenflüsse ist ein Abenteuer für sich, das Reisende durch einige der dichtesten und artenreichsten Regenwälder der Welt führt.

Iquitos dient als Ausgangspunkt für viele Expeditionen in den Amazonas-Regenwald, und Besucher können hier eine beeindruckende Artenvielfalt erleben. Iquitos erlebte im späten 19. und frühen 20. Jahrhundert dank des Kautschukbooms eine Blütezeit, deren unerwarteter Reichtum heute noch in prächtigen Bauwerken im europäischen Jugendstil und sogar einem entworfenen Eisenhaus von Gustave Eiffel sichtbar ist. Ein Teil der Stadt, das Viertel Belén, ist berühmt für seine Häuser, die auf Flößen gebaut sind und bei Hochwasser auf dem Fluss schwimmen, wodurch ein dynamisches, amphibisches Stadtbild entsteht.

Die Stadt ist umgeben von einem dichten Netzwerk von Wasserwegen, und Touren führen oft zu abgelegenen Lodges, wo man die einzigartige Flora und Fauna des Amazonas hautnah erleben kann.

Trotz ihrer Abgeschiedenheit hat Iquitos eine lebendige Kulturszene, die durch Musik, Tanz und Festivals geprägt ist.

RÄTSEL DES SÜDENS

Terra Australis Incognita war eine riesige, imaginäre Landmasse, die auf vielen alten Karten des 15. und 16. Jahrhunderts erschien. Diese »unbekannte südliche Erde« wurde von Kartografen angenommen, um das Gleichgewicht der Landmassen auf der Erde zu erklären. Man glaubte, dass es eine große Landmasse im Süden geben müsse, um die bekannten Kontinente im Norden auszubalancieren.

Die Vorstellung von Terra Australis Incognita stammt aus der Antike, als Gelehrte wie Ptolemäus spekulierten, dass die Erde im Süden durch einen riesigen Kontinent ergänzt werden müsse. Diese Idee wurde in den mittelalterlichen und Renaissance-Karten weitergeführt und fand ihren Höhepunkt in den europäischen Karten des 16. Jahrhunderts, auf denen der Kontinent oft riesige Ausmaße annahm.

Im Jahr 1515 veröffentlichte der berühmte Kartograf Martin Waldseemüller eine Weltkarte, die Terra Australis als riesigen Kontinent darstellte, der den gesamten südlichen Teil der Welt umfasste. Viele Entdecker, einschließlich Ferdinand Magellan und Abel Tasman, hofften, diesen Kontinent zu finden und zu erkunden.

Erst im 18. Jahrhundert begannen Entdeckungsreisen, das Geheimnis von Terra Australis zu lüften. James Cook unternahm mehrere Reisen in den Südpazifik und umsegelte den Kontinent, ohne Hinweise auf die riesige Landmasse zu finden. Er kartografierte Teile Australiens und Neuseelands, aber keine riesige, unbekannte Landmasse im Süden. Obwohl Cook die Existenz des fiktiven Südkontinents widerlegte, wurde der tatsächliche, eisbedeckte Kontinent Antarktika nur wenige Jahrzehnte später, Anfang des 19. Jahrhunderts, gesichtet, womit der südliche Polarkontinent endlich seinen Platz auf der Weltkarte fand.

EIN KARTOGRAFISCHER FEHLER

Die Waldseemüller-Karte, erstellt von Martin Waldseemüller im Jahr 1507, zählt zu den berühmtesten Karten der Weltgeschichte. Sie ist vor allem deshalb bemerkenswert, weil auf ihr erstmals der Name »America« verwendet wird, um den neu entdeckten Erdteil zu bezeichnen.

Waldseemüller war ein deutscher Kartograf und Mitglied eines humanistischen Gelehrtenkreises in St. Dié in Lothringen. Dort werteten er und seine Kollegen unter anderem die Reiseberichte des italienischen Entdeckers Amerigo Vespucci aus. Sie gelangten zu der Überzeugung, dass Vespucci – und nicht Christoph Kolumbus – den neuen Kontinent als eigenständige Landmasse erkannt hatte. Aus diesem Grund schlug Waldseemüller vor, den Erdteil zu Vespuccis Ehren »America« zu nennen.

Die Karte selbst bietet eine eindrucksvolle Darstellung der damals bekannten Welt. Sie besteht aus zwölf großformatigen Holzschnittblättern und verbindet detaillierte geografische Informationen mit künstlerischer Gestaltung. Besonders auffällig ist die vergleichsweise realistische Form Südamerikas, während Nordamerika als schmaler Streifen erscheint, der sich von der Karibik aus nach Norden erstreckt. Von der ursprünglichen Auflage hat nur ein einziges vollständiges Exemplar überdauert; die Library of Congress in den USA erwarb es 2003 für eine Rekordsumme von rund zehn Millionen US-Dollar.

In späteren Jahren distanzierte sich Waldseemüller offenbar von der Benennung. In seinen nachfolgenden Kartenwerken taucht der Name »America« nicht mehr auf, auch nicht in der »Carta Marina« von 1516, in der er neutralere Bezeichnungen verwendete. Doch zu diesem Zeitpunkt hatte sich die 1507er-Karte bereits so weit verbreitet, dass der Name »America« in der Kartografie fest etabliert blieb.

LANDBRÜCKE ZUR NEUEN WELT

Die schmale Meerenge zwischen Russland und Alaska, die Beringstraße, ist eine der bedeutendsten geologischen und historischen Landengen der Welt. Vor etwa 20.000 Jahren, während der letzten Eiszeit, verband die Beringstraße Asien und Nordamerika durch eine Landbrücke, die als Beringia bekannt ist. Diese Landbrücke entstand, als der Meeresspiegel aufgrund der massiven Eismassen der Eiszeit stark absank.

Beringia spielte eine entscheidende Rolle in der prähistorischen Migration, da sie Menschen und Tiere ermöglichte, zwischen den Kontinenten zu wandern. Diese Migration führte zur Besiedlung der Neuen Welt durch indigene Völker, die aus Asien kamen. Die Überreste von Beringia sind heute unter den Gewässern der Beringstraße verborgen, doch archäologische Funde und genetische Studien belegen die Bedeutung dieses Verbindungsweges.

Die Beringstraße selbst ist etwa 82 Kilometer breit und trennt die Chukchi-Halbinsel in Russland von der Seward-Halbinsel in Alaska. Während der Wintermonate können Teile der Meerenge zufrieren, was theoretisch eine Überquerung zu Fuß ermöglicht, obwohl dies heutzutage aufgrund des dünnen Eises und der extremen Bedingungen gefährlich wäre. An der engsten Stelle jedoch, geteilt durch die Diomedes-Inseln, sind die russische und die US-amerikanische Landmasse durch nur vier Kilometer Meerwasser voneinander getrennt, wobei die Zeitverschiebung zwischen den Inseln einen fast magischen Übergang über die Datumsgrenze markiert.

Heute markiert die Beringstraße nicht nur eine geologische Grenze, sondern auch eine wichtige politische und wirtschaftliche Trennlinie zwischen Russland und USA. Die Region ist bekannt für ihre raue Schönheit, ihre einzigartige Tierwelt und ihre kulturelle Bedeutung für die indigenen Völker, die in diesem abgelegenen Teil der Welt leben.

LANDGEWINNUNG IM MEER

Flevopolder, die künstliche Insel in den Niederlanden ist ein beeindruckendes Beispiel für menschliche Ingenieurskunst und Landgewinnung. Sie befindet sich in der Provinz Flevoland und ist die größte künstliche Insel der Welt. Die Schaffung von Flevopolder war Teil eines umfassenden Projekts zur Eindeichung und Trockenlegung des IJsselmeers, das früher als Zuiderzee bekannt war.

In den 1930er Jahren begann man mit der Errichtung massiver Deiche und Dämme, um Teile des IJsselmeers trocken zu legen und neues Land zu gewinnen. Die Arbeiten an Flevopolder, der größten und jüngsten Polderfläche, wurden in den 1950er Jahren begonnen und in den 1960er Jahren abgeschlossen. Heute umfasst Flevopolder eine Fläche von etwa 970 Quadratkilometern.

Flevopolder besteht aus zwei Hauptgebieten: Ost-Flevoland und Süd-Flevoland. Diese Gebiete sind durch den Oostvaardersdijk voneinander getrennt. Städte wie Lelystad, die Hauptstadt der Provinz Flevoland, und Almere, eine der am schnellsten wachsenden Städte der Niederlande, befinden sich auf Flevopolder. Ein Großteil der Flevopolder liegt tatsächlich unter dem Meeresspiegel, weshalb ein komplexes System von Pumpwerken (Gemalen) ständig in Betrieb sein muss, um zu verhindern, dass das gesamte Gebiet wieder überflutet wird.

Die Insel wurde durch das Abpumpen von Wasser aus dem IJsselmeer und die Errichtung von Deichen und Kanälen geschaffen. Diese Maßnahmen ermöglichten es, das Land trockenzulegen und für die landwirtschaftliche Nutzung, den Wohnungsbau und die industrielle Entwicklung vorzubereiten. Die Region ist bekannt für ihre modernen Städte, Betriebe und Naturschutzgebiete wie den Oostvaardersplassen, ein großes Feuchtgebiet, dass eine reiche Tierwelt beherbergt.

ADRENALIN PUR

Die Yungas Road, oft als »Death Road« bezeichnet, ist eine der berüchtigtsten Straßen der Welt. Sie erstreckt sich etwa 60 Kilometer von La Paz, der Hauptstadt Boliviens, bis zur Stadt Coroico im Amazonasbecken. Diese Straße wurde in den 1930er Jahren von paraguayischen Kriegsgefangenen gebaut und windet sich durch die steilen Berge der Yungas-Region.

Mit ihren extrem schmalen Abschnitten, scharfen Kurven und Abgründen, die bis zu 600 Meter in die Tiefe reichen, stellt die Yungas Road eine immense Herausforderung für Fahrer dar. Viele Teile der Straße sind nur 3,2 Meter breit und bieten kaum Platz für entgegenkommende Fahrzeuge, was die Gefahr von Unfällen erheblich erhöht. Um das Risiko zu minimieren, galt auf der Straße – im Gegensatz zum sonst üblichen bolivianischen Rechtsverkehr – die Regel, dass Fahrzeuge links fahren mussten, damit der Fahrer einen besseren Blick auf den Abgrund und damit die Außenkante hatte.

Das tropische Klima der Region trägt zur Gefährlichkeit der Straße bei. Häufiger Nebel, Regen und Erdrutsche beeinträchtigen die Sicht und machen die ohnehin schon riskante Fahrt noch schwieriger. Schätzungen zufolge starben jährlich zwischen 200 und 300 Menschen auf der Yungas Road, was ihr den düsteren Titel »Todesstraße« einbrachte.

Trotz der Risiken ist die Yungas Road heute ein Anziehungspunkt für Abenteuertouristen und Mountainbiker, die die spektakuläre Landschaft und den Nervenkitzel der Fahrt genießen möchten. Seit der Eröffnung einer neuen, sichereren Umgehungsstraße im Jahr 2006 hat sich die Zahl der tödlichen Unfälle auf der alten Yungas Road erheblich reduziert. Die Straße bleibt jedoch ein eindrucksvolles Beispiel für die Herausforderungen und Gefahren des Straßenbaus in extremen geographischen Lagen.

KALIFORNIENS BEBENZONE

Kaliforniens große Bruchlinie, die San-Andreas-Verwerfung, ist eine Transformstörung, die sich etwa 1200 Kilometer durch den Bundesstaat erstreckt und die Grenze zwischen der Pazifischen und der Nordamerikanischen Platte bildet. Diese tektonische Grenze ist bekannt für ihre intensive Erdbebenaktivität, da die Platten seitlich aneinander vorbeigleiten. Das katastrophale Erdbeben von San Francisco 1906, das große Teile der Stadt zerstörte, ist ein eindrucksvolles Beispiel für die potenziell zerstörerische Kraft der Verwerfung.

Die ständige Bewegung der Platten erzeugt enorme Spannungen in der Erdkruste, die sich in Form von Erdbeben entladen. Diese Dynamik macht die San-Andreas-Verwerfung zu einer der am meisten überwachten und erforschten tektonischen Grenzen der Welt. Wissenschaftler nutzen moderne Technologien wie GPS und seismische Sensoren, um die Bewegungen der Platten genau zu verfolgen und Vorhersagen über zukünftige Beben zu treffen. Aufgrund der jährlichen Verschiebung der Pazifischen Platte um etwa 5 Zentimeter in Bezug zur Nordamerikanischen Platte prognostizieren Geologen, dass Los Angeles in etwa 15 Millionen Jahren direkt neben San Francisco liegen wird.

Besonders faszinierend ist die Tatsache, dass die San-Andreas-Verwerfung an einigen Stellen sogar sichtbar ist, wie im San Andreas Fault Observatory at Depth (SAFOD). Hier können Forscher Proben direkt aus der Verwerfung entnehmen, um das Verhalten der Platten besser zu verstehen. Diese Erkenntnisse sind entscheidend für die Entwicklung von Erdbebenvorsorge- und Notfallplänen, um die Auswirkungen zukünftiger Beben zu minimieren. Die San-Andreas-Verwerfung bleibt somit nicht nur ein geologisches, sondern auch ein gesellschaftlich relevantes Phänomen, das die Bewohner Kaliforniens ständig im Blick haben müssen.

TIEFSTES WUNDER DER ERDE

Am Ufer des Toten Meeres, das sich an der Grenze zwischen Israel und Jordanien befindet, liegt der tiefste frei zugängliche Punkt der Erdoberfläche. Die Wasseroberfläche des Toten Meeres liegt etwa 423 Meter unter dem Meeresspiegel, was diesen Ort zu einem geologischen Wunder macht. Diese außergewöhnliche Tiefe ist das Ergebnis einer geologischen Senke, die über Jahrmillionen entstanden ist.

Das Tote Meer ist für seinen extrem hohen Salzgehalt bekannt, der etwa zehnmal höher ist als der der Ozeane. Dies führt zu einem Phänomen, bei dem Menschen auf der Wasseroberfläche schweben können, da die hohe Salzkonzentration die Dichte des Wassers erhöht. Schwimmen im Toten Meer ist somit ein einzigartiges Erlebnis, da es schwer ist, im Wasser zu sinken.

Das Gebiet um das Tote Meer hat auch eine reiche historische und kulturelle Bedeutung. Eine der bekanntesten Stätten ist die antike Festung Masada, die auf einem isolierten Felsenplateau liegt und einst ein jüdischer Zufluchtsort während des Ersten Jüdischen Krieges gegen die Römer war. Eine andere bedeutende Stätte sind die Höhlen von Qumran, wo die Schriftrollen vom Toten Meer gefunden wurden.

Trotz seiner einzigartigen Eigenschaften und der touristischen Anziehungskraft steht das Tote Meer vor ernsten ökologischen Herausforderungen. Der Wasserspiegel sinkt kontinuierlich, hauptsächlich aufgrund der Umleitung von Zuflüssen für landwirtschaftliche und industrielle Zwecke.

Aufgrund dieser Wasserverluste sinkt der Seespiegel jedes Jahr mit alarmierender Geschwindigkeit um mehr als einen Meter, was zur Bildung gefährlicher, unvorhersehbarer Sinklöcher in der Küstenregion führt.

THRONWECHSEL DER GIGANTEN

Neueste Forschungsergebnisse bestätigen, dass der längste Fluss der Erde der Amazonas ist. Obwohl der Nil lange Zeit als der längste Fluss der Welt galt, haben neuere Untersuchungen und Messungen ergeben, dass der Amazonas tatsächlich länger ist. Messungen des Amazonas zeigen, dass dieses Flusssystem eine Länge von über 6.992 Kilometern umfasst, im Gegensatz zum Nil mit ca. 6.695 Kilometern.

Es ist wichtig zu beachten, dass die genaue Länge des Amazonas aufgrund der Komplexität und des dynamischen Charakters des Flusssystems umstritten ist und von verschiedenen Messmethoden abhängt.

Dennoch ist es klar geworden, dass der Amazonas in Bezug auf die Länge den Nil übertrifft und somit als der längste Fluss der Erde gilt.

Die Entdeckung, dass der Amazonas den Nil als längsten Fluss ablöst, hat wichtige wissenschaftliche und geographische Implikationen. Es unterstreicht die Bedeutung des Amazonas-Regenwaldes und des gesamten Amazonas-Flusssystems als eines der größten und artenreichsten Ökosysteme der Erde. Wissenschaftler entdeckten unter der Flussmündung des Amazonas einen 4.000 Kilometer langen, unterirdischen Fluss, der nach seinem Entdecker Hamza genannt wird und das gewaltige Ausmaß des gesamten Amazonas-Hydrogeosystems verdeutlicht. Dieses riesige Flusssystem ist auch die Heimat des Amazonas-Flussdelfins, einer einzigartigen, rosa gefärbten Art, die das größte und intelligenteste der fünf Süßwasser-Delfine weltweit ist.

Die neuen Erkenntnisse werfen auch Fragen zur Definition und Messung der Länge von Flüssen auf und erfordern möglicherweise eine Überarbeitung der traditionellen Methoden zur Kartierung und Bewertung von Flusssystemen.

SCHÄTZE UND BRODELNDE GEYSIRE

Als ältester Nationalpark der Welt, gegründet im Jahr 1872, liegt der Yellowstone National Park größtenteils im Bundesstaat Wyoming, erstreckt sich jedoch auch nach Montana und Idaho. Der Park ist berühmt für seine außergewöhnliche Vielfalt an geothermischen Phänomenen, darunter heiße Quellen, Geysire, Schlammtöpfe und Fumarolen. Sein bekanntestes Highlight ist der Old Faithful Geysir, der regelmäßig ausbricht und Besucher aus aller Welt begeistert.

Yellowstone liegt über einem aktiven vulkanischen Hotspot, dessen gewaltige Magmareservoire die intensiven geothermalen Aktivitäten im Park antreiben. Der Yellowstone-See, einer der größten Hochgebirgsseen Nordamerikas, befindet sich ebenfalls innerhalb des Parks und trägt entscheidend zur charakteristischen Landschaft bei. Wissenschaftliche Untersuchungen zeigen, dass die Magmakammern des Systems ein enormes Volumen besitzen und damit eine potenziell sehr große eruptive Kraft bergen, auch wenn eine genaue Größenrelation zu historischen Ausbrüchen schwer festzulegen ist.

Der Park beherbergt eine außergewöhnlich vielfältige Tierwelt, darunter Grizzlybären, Wölfe, Bisons und Elche. Diese Tiere streifen durch die ausgedehnten Ebenen, Wälder und Gebirgszüge des Parks und ermöglichen eindrucksvolle Beobachtungen in freier Wildbahn. Auch für Vogelliebhaber hat Yellowstone viel zu bieten, denn mehr als 300 Vogelarten sind hier nachgewiesen. Die geologischen Besonderheiten und die reiche Tierwelt machen Yellowstone zu einem einzigartigen Reiseziel. Der Park bietet zahlreiche Freizeitmöglichkeiten wie Wandern, Camping, Angeln und Wildtierbeobachtung. Darüber hinaus ist er ein bedeutender Ort wissenschaftlicher Forschung, da seine geothermischen und ökologischen Bedingungen wertvolle Einblicke in natürliche Prozesse und die Entwicklung unserer Erde ermöglichen.

VIOLETTE WELLEN BIS ZUM HORIZONT

Aufgrund ihrer beeindruckenden Schönheit und ihres unverwechselbaren Duftes sind die Lavendelfelder der Provence weltberühmt. Diese Felder erstrecken sich über weite Teile Südfrankreichs, insbesondere in den Regionen Vaucluse, Alpes-de-Haute-Provence und Drôme. Während der Blütezeit im Sommer, von Juni bis August, verwandeln sich die Landschaften in ein Meer von leuchtendem Violett, das Touristen aus aller Welt anzieht.

Die Kultivierung von Lavendel hat in der Provence eine lange Tradition und spielt eine bedeutende Rolle in der lokalen Kultur und Wirtschaft. Lavendel wird seit Jahrhunderten für verschiedene Zwecke genutzt, von der Parfümherstellung und Kosmetik bis hin zur medizinischen Anwendung. Die Lavendelernte ist ein wichtiger wirtschaftlicher Faktor und ein kulturelles Ereignis, das oft mit Festivals und Feierlichkeiten einhergeht.

Ein besonders bekannter Ort ist das Plateau de Valensole, wo die Lavendelfelder in riesigen, wellenförmigen Mustern angelegt sind und sich bis zum Horizont erstrecken. Diese Felder bieten nicht nur eine spektakuläre Aussicht, sondern sind auch ein Paradies für Fotografen. Der Duft von frischem Lavendel, der die Luft erfüllt, schafft eine unvergleichliche Atmosphäre, die Besucher in ihren Bann zieht. In der Provence wird hauptsächlich Lavandin, eine besonders ertragreiche Hybridform, angebaut, die den größten Teil des ätherischen Öls für die weltweite Parfüm- und Seifenindustrie liefert.

Die Lavendelfelder der Provence sind mehr als nur eine touristische Attraktion; sie sind ein Symbol für die Verbindung zwischen Mensch und Natur. Sie zeigen, wie landwirtschaftliche Praktiken eine Landschaft prägen und gleichzeitig kulturelle Traditionen und wirtschaftliche Aktivitäten unterstützen können.

ATLANTISCHES MYSTERIUM

Das Bermuda-Dreieck, eine berüchtigte Region im westlichen Atlantischen Ozean, wird von den Punkten Miami (Florida, USA), Bermuda und San Juan (Puerto Rico) begrenzt. Es ist seit Jahrzehnten Schauplatz zahlreicher Geschichten und Theorien über mysteriöse Vorfälle, bei denen Schiffe und Flugzeuge angeblich spurlos verschwunden sind. Diese Berichte haben dem Gebiet den Beinamen »Teufelsdreieck« eingebracht und zahlreiche Legenden befeuert.

Einer der bekanntesten Vorfälle im Bermuda-Dreieck ist das Verschwinden von Flug 19 im Jahr 1945. Ein Schwarm von fünf US-Marine-Torpedobombern verschwand während eines Trainingsflugs, und auch das Suchflugzeug, das ausgesandt wurde, um sie zu finden, ging verloren. Trotz umfangreicher Suchaktionen wurden weder Wrackteile noch Überlebende gefunden. Dieses Ereignis trug maßgeblich zur Mystifizierung des Bermuda-Dreiecks bei.

Im Laufe der Jahre wurden verschiedene Theorien vorgeschlagen, um die mysteriösen Vorfälle zu erklären. Einige spekulieren über natürliche Phänomene wie ungewöhnliche Wetterbedingungen, starke Strömungen, Methangasblasen, die aus dem Meeresboden aufsteigen, oder geomagnetische Anomalien, die Navigationsinstrumente stören könnten. Trotz der populären Mythen weisen die US-Küstenwache und große Versicherungen darauf hin, dass die Anzahl der vermissten Schiffe oder Flugzeuge im Bermuda-Dreieck statistisch nicht höher ist als in jedem anderen vergleichbar stark befahrenen Seegebiet der Welt.

Andere Theorien sind weitaus spekulativer und beinhalten außerirdische Entführungen, unterseeische UFO-Basen oder sogar das Eingreifen von Wesen aus anderen Dimensionen, die möglicherweise über Technologien verfügen, die unsere Vorstellungskraft übersteigen.

LEBEN UND STERBEN IN POMPEJI

Im Jahr 79 n. Chr. ereignete sich eine der berühmtesten geologischen Katastrophen der Geschichte: Der Ausbruch des Vesuvs. Der Vulkan, der sich in der Nähe der Küste des Golfs von Neapel in Italien befindet, brach plötzlich und gewaltig aus und spuckte eine gewaltige Menge Asche, Bimsstein und tödliche Gase in die Atmosphäre. Innerhalb weniger Stunden waren die nahegelegenen römischen Städte Pompeji und Herculaneum unter einer dicken Schicht vulkanischen Materials begraben.

Pompeji, eine blühende Stadt mit einer Bevölkerung von etwa 15.000 Menschen, wurde durch die Asche- und Bimssteinregen schnell unter einem mehrere Meter dicken Teppich aus Vulkanmaterial begraben. Die Einwohner wurden in ihren Häusern oder auf den Straßen von der Asche überrascht und erstickten oder wurden von fallenden Trümmern erschlagen. Gebäude in Pompeji stürzten unter dem Gewicht der Asche ein, und die Stadt wurde innerhalb weniger Stunden vollständig zerstört.

Im Gegensatz zur langsameren Begrabung Pompejis durch Ascheregen wurden die Einwohner Herculaneums durch eine pyroklastische Wolke extrem heißer Gase und Asche, die Temperaturen von bis zu 500 °C erreichten, sofort getötet und ihre Skelette dadurch besser erhalten. Die Städte Pompeji und Herculaneum blieben fast 1.700 Jahre lang unter der Asche begraben, bis sie im 18. Jahrhundert wiederentdeckt und ausgegraben wurden. Die außergewöhnlich gut erhaltenen Ruinen bieten einen einzigartigen Einblick in das tägliche Leben der Römer zur Zeit des Ausbruchs. Die Statuen, Mosaiken, Fresken und Alltagsgegenstände, die ausgegraben wurden, zeugen von der reichen Kultur und dem hohen Lebensstandard der Bewohner. Heute sind Pompeji und Herculaneum UNESCO-Weltkulturerbestätten und ziehen Millionen von Besuchern aus aller Welt an.

FEURIGE APOKALYPSE

Die Eruption des Krakatau im Jahr 1883 war eine der heftigsten vulkanischen Ausbrüche in der Geschichte. Der Vulkan in der Sunda-Straße zwischen Java und Sumatra begann am 26. August mit einer Serie gewaltiger Explosionen, die ihren Höhepunkt am 27. August erreichten. Die Hauptausbruchphase erzeugte eine riesige Asche- und Gaswolke, die sich bis zu 80 Kilometer in die Atmosphäre erstreckte. Der Lärm der Explosion war der lauteste, der je von Menschen gehört wurde, und war in einem Umkreis von über 3.000 Kilometern zu hören.

Die Eruption führte zu massiven pyroklastischen Strömen und gigantischen Tsunamis, die bis zu 40 Meter hoch waren und die Küstengebiete Javas und Sumatras verwüsteten. Diese Tsunamis zerstörten mehr als 165 Küstenstädte und -dörfer und führten zum Tod von schätzungsweise 36.000 Menschen. Die Asche- und Schwefeldioxidmengen, die in die Atmosphäre geschleudert wurden, führten zu spektakulären Sonnenuntergängen weltweit und verursachten einen globalen Temperaturabfall von durchschnittlich 0,5 Grad Celsius.

Tatsächlich lag der Krakatau-Vulkan selbst in einer viel älteren, viel größeren Caldera, die das Ergebnis einer prähistorischen Eruption war, was verdeutlicht, dass die gesamte Region Teil eines gigantischen, komplexen Vulkansystems ist. Der Ausbruch zerstörte etwa zwei Drittel der Insel Krakatau und hinterließ eine riesige Caldera, die heute teilweise von der neuen Vulkaninsel Anak Krakatau eingenommen wird. Die Region bleibt ein wichtiges Studienobjekt für Vulkanologen, die die eruptiven Prozesse und die damit verbundenen geologischen Phänomene untersuchen. Der Krakatau-Ausbruch von 1883 ist ein eindringliches Beispiel für die zerstörerische Kraft der Natur und hat tiefe Spuren in der Geschichte und Geographie der Region hinterlassen.

EIN KLEINOD IN DEN ALPEN

Einzigartig in seiner geografischen Lage ist das Kleinwalsertal ein österreichisches Tal in den Allgäuer Alpen, das verkehrstechnisch ausschließlich von Deutschland aus erreichbar ist. Eingebettet zwischen hohen Gipfeln und von anderen Teilen Österreichs durch Gebirgszüge getrennt, gelangt man in das Tal nur über die deutsche Stadt Oberstdorf. Diese besondere Erreichbarkeit macht das Kleinwalsertal zwar nicht zu einer echten Exklave, aber zu einem österreichischen Sondergebiet mit außergewöhnlich engen wirtschaftlichen und kulturellen Verbindungen zu Deutschland.

Das Kleinwalsertal besteht aus mehreren malerischen Dörfern, darunter Riezlern, Hirschegg und Mittelberg, die sich entlang der Talachse erstrecken. Die Region ist ein beliebtes Reiseziel und bekannt für ihre beeindruckenden Landschaften, vielfältigen Wanderwege und hervorragenden Wintersportmöglichkeiten.

Im Winter zieht das Tal Skifahrer und Snowboarder an, während es im Sommer Wanderer, Bergsteiger und Naturfreunde begeistert.

Bis zum Jahr 2000 gehörte das Kleinwalsertal zur deutschen Zollanschlusszone, was seine wirtschaftliche Ausrichtung stark prägte. Aufgrund dieser besonderen Beziehung wurde über Jahrzehnte hinweg die Deutsche Mark als alltägliches Zahlungsmittel genutzt – auch noch nach dem EU-Beitritt Österreichs –, bis schließlich der Euro eingeführt wurde. Obwohl das Tal mehrere Hauptdörfer umfasst, bildet das gesamte Kleinwalsertal administrativ nur eine einzige Gemeinde, nämlich Mittelberg, die sich als alpine Tourismus- und Kurregion positioniert.

Diese historische, kulturelle und wirtschaftliche Nähe unterstreicht die einzigartige Rolle des Kleinwalsertals als verbindendes Element zwischen Österreich und Deutschland.

EIN DORF – ZWEI LÄNDER

Zwei Nachbardörfer, Baarle-Hertog und Baarle-Nassau, sind auf außergewöhnliche Weise durch die Grenze zwischen Belgien und den Niederlanden getrennt und zugleich verbunden. Die Grenze verläuft chaotisch und mehrfach verzweigt durch das Dorf, sodass einige Häuser, Straßen und sogar einzelne Räume innerhalb von Gebäuden in beiden Ländern liegen. Diese ungewöhnliche Grenzziehung hat historische Wurzeln, die bis ins Mittelalter zurückreichen, als verschiedene Landstriche zwischen den Herzogtümern Brabant und Nassau geteilt wurden.

Die besondere Grenzsituation hat zu einigen interessanten und manchmal skurrilen Alltagssituationen geführt. Beispielsweise konnte ein Geschäft, dessen Eingang auf belgischer Seite lag, an Sonntagen Alkohol verkaufen, obwohl dies in den Niederlanden verboten war. Solche kuriosen Grenzverläufe bedeuteten auch, dass Bewohner eines Hauses je nach Zimmer unterschiedliche nationale Feiertage, Steuergesetze oder Verkaufsvorschriften beachten mussten. Diese Grenzkomplexität machte das Leben in Baarle-Hertog/Baarle-Nassau besonders interessant und manchmal herausfordernd. Insgesamt besteht die Grenzsituation aus 22 belgischen Exklaven innerhalb der Niederlande, in denen wiederum sieben niederländische Enklaven liegen, was das Dorf zur komplexesten Grenzziehung der Welt macht.

Das Dorf ist heute eine beliebte Touristenattraktion, die Besucher aus aller Welt anzieht. Sie kommen, um die einzigartigen Grenzmarkierungen auf den Straßen und Gehwegen zu sehen und das Phänomen der grenzüberschreitenden Architektur zu erleben. Die deutlich markierten Grenzlinien, die durch Häuser und Geschäfte verlaufen, sind eine ständige Erinnerung an die besondere geopolitische Situation des Dorfes.

GRENZÜBERGREIFENDE HARMONIE

Ein faszinierender geographischer Punkt in Südamerika ist das Dreiländereck, wo Argentinien, Brasilien und Paraguay aufeinandertreffen. Dieser Ort liegt in der Nähe der beeindruckenden Iguazú-Wasserfälle, einem der größten und schönsten Wasserfallsysteme der Welt, bestehend aus fast 300 individuellen Wasserfällen. Die Wasserfälle und die umliegenden Regenwälder sind ein U-NESCO-Weltnaturerbe und eine bedeutende Attraktion für Touristen aus aller Welt.

Das Dreiländereck ist markiert durch drei Obelisken, je einen in jedem der drei Länder, die die Grenzen symbolisieren. Diese Region hat nicht nur eine geografische, sondern auch eine kulturelle Bedeutung, da sie die vielfältigen Einflüsse und Beziehungen zwischen den drei Ländern widerspiegelt.

Die Iguazú-Flüsse, die die natürlichen Grenzen zwischen den Ländern bilden, bieten eine spektakuläre Landschaft und zahlreiche Freizeitmöglichkeiten wie Bootstouren, Wanderungen und Vogelbeobachtungen. Trotz der politischen Trennung arbeiten die drei Länder in vielen Bereichen eng zusammen, insbesondere im Tourismus und im Naturschutz, um die Schönheit und den ökologischen Wert der Region zu bewahren. Historisch gesehen war diese Region während des verheerenden Tripel-Allianz-Krieges (1864–1870) ein strategisch wichtiger Schauplatz, der die Spannungen und die geopolitische Geschichte der beteiligten Nationen widerspiegelt.

Das Dreiländereck ist ein lebendiges Beispiel für die Zusammenarbeit und Koexistenz von Ländern mit gemeinsamen natürlichen Ressourcen und kulturellen Verbindungen. Besucher können hier die einzigartige Gelegenheit nutzen, an einem Tag drei verschiedene Länder zu erleben und die beeindruckende Naturkulisse der Iguazú-Wasserfälle zu genießen.

UNBEKANNTES LAND IN AFRIKA

Ein umstrittenes Gebiet in Nordwestafrika ist die Westsahara, die an Marokko, Algerien und Mauretanien grenzt und an den Atlantischen Ozean anstößt. Es ist eines der umstrittensten Gebiete der Welt. Die Geschichte der Westsahara ist geprägt von kolonialen und postkolonialen Auseinandersetzungen. Bis 1975 war es eine spanische Kolonie, bekannt als Spanisch-Sahara. Nach dem Rückzug Spaniens beanspruchten sowohl Marokko als auch Mauretanien das Gebiet, was zu Konflikten führte.

Die saharauische Befreiungsbewegung Polisario-Front proklamierte 1976 die Demokratische Arabische Republik Sahara (DARS) und kämpfte gegen die marokkanische Besetzung. Der Konflikt führte zu einem langen Krieg und der Flucht vieler Saharauis in Flüchtlingslager im benachbarten Algerien. Ein Waffenstillstand wurde 1991 unter der Schirmherrschaft der Vereinten Nationen vereinbart, aber die politische Situation bleibt ungelöst, und ein versprochenes Referendum über die Unabhängigkeit wurde bisher nicht durchgeführt.

Die Westsahara ist größtenteils Wüste und bekannt für ihre kargen Landschaften, die von Dünen und Felsen geprägt sind. Trotz der politischen Unsicherheiten gibt es bedeutende natürliche Ressourcen, darunter Phosphatvorkommen und reiche Fischgründe vor der Küste.

Die reichen Fischgründe vor der Küste des Territoriums zählen zu den produktivsten der Welt und sind ein wesentlicher wirtschaftlicher Faktor, der die fortwährenden territorialen Ansprüche Marokkos befeuert. Die marokkanische Kontrolle über den größten Teil des Gebiets wird durch den Bau eines über 2.700 Kilometer langen Sandwalls (bekannt als Berm) manifestiert, der das von Marokko verwaltete Territorium von dem von der Polisario kontrollierten Osten trennt.

EIN BUDDHISTISCHES WUNDERLAND

Die »Versteckten Höhlen« von Ajanta in Indien sind eine beeindruckende Ansammlung von etwa 30 buddhistischen Höhlentempeln, die in den steilen Felswänden eines abgelegenen Tals im Bundesstaat Maharashtra eingemeißelt sind. Diese Höhlen, die zwischen dem 2. Jahrhundert v. Chr. und dem 6. Jahrhundert n. Chr. entstanden sind, sind ein Meisterwerk der antiken indischen Architektur und Kunst. In den Höhlen befinden sich beeindruckende Wandmalereien, Skulpturen und Stupas, die Szenen aus dem Leben Buddhas, Jatakas (Geschichten aus den vergangenen Leben des Buddhas) und verschiedene buddhistische Gottheiten darstellen.

Die Höhlen von Ajanta waren für Jahrhunderte vergessen und wurden erst im 19. Jahrhundert wiederentdeckt, als ein britischer Offizier zufällig auf sie stieß. Seitdem sind sie ein faszinierendes Ziel für Besucher aus der ganzen Welt, die von ihrer Schönheit und ihrem kulturellen Reichtum angezogen werden. Tatsächlich wurde der britische Offizier, John Smith, im Jahr 1819 bei einer Tigerjagd auf die Höhlen aufmerksam, als er einen halb verborgenen Höhleneingang in der hufeisenförmigen Klippe entdeckte.

Die detaillierten Wandmalereien, die die spirituellen und alltäglichen Aspekte des antiken indischen Lebens einfangen, sind besonders bemerkenswert und bieten Einblicke in die Geschichte, Kunst und Religion dieser Zeit.

Die Höhlen von Ajanta sind auch ein wichtiger archäologischer und religiöser Ort für Buddhisten und bieten eine einzigartige Gelegenheit, die spirituelle Tiefe und künstlerische Brillanz des antiken Indiens zu erleben. Sie stehen heute auf der Liste des UNESCO-Weltkulturerbes und sind ein wertvolles Erbe, das gepflegt und geschützt werden muss, damit kommende Generationen ihre Schönheit und Bedeutung genießen können.

MEHR ALS NUR REGEN

Mawsynram in Indien, ein kleines Dorf im Bundesstaat Meghalaya, hält den Rekord für den höchsten jährlichen Niederschlag weltweit. Dieses abgelegene Dorf erhält durchschnittlich 11.871 Millimeter Regen pro Jahr, was auf seine einzigartige geographische Lage und klimatischen Bedingungen zurückzuführen ist.

Es liegt auf einem Bergplateau und ist von Bergen umgeben, die die feuchten Luftmassen des Monsuns abfangen und zur intensiven Niederschlagsbildung führen. Diese feuchten Luftmassen stammen hauptsächlich aus der Bucht von Bengalen und werden durch die Trichterform des Khasi-Gebirges direkt über Mawsynram nach oben gedrückt, wo sie schnell abkühlen und kondensieren. Das Meteorologische Amt Indiens unterhält in der Nähe des Dorfes spezielle Wetterstationen, um die extreme Niederschlagsmenge präzise zu überwachen und das komplexe Monsunverhalten besser zu verstehen. Ironischerweise kämpfen die Dorfbewohner in den Trockenzeiten trotzdem oft mit Wasserknappheit, da der gesamte immense Niederschlag sofort abfließt und keine natürlichen Speichermöglichkeiten in den karstigen Böden existieren.

Die Einwohner von Mawsynram haben sich an die extremen Wetterbedingungen angepasst. Häuser werden mit speziellen Grasarten gedeckt, die den Lärm des starken Regens dämpfen. Um trockenen Fußes unterwegs zu sein, verwenden die Dorfbewohner traditionelle Regenmäntel aus Bambus und Bananenblättern, sogenannte »knups«.

Der Monsunregen, der von Juni bis September fällt, macht das Leben in Mawsynram sowohl herausfordernd als auch einzigartig. Trotz der extremen Niederschläge bleibt das Dorf ein faszinierendes Beispiel für die Anpassungsfähigkeit des Menschen an seine Umwelt und ein beliebtes Ziel für Touristen, die das außergewöhnliche Klima und die üppige, grüne Landschaft erleben möchten.

DIE IMAGINÄRE LINIE

Der Nullmeridian ist eine imaginäre Linie, die die Erde in die östliche und westliche Hemisphäre teilt und als Ausgangspunkt für die Längengrade dient. Er verläuft von Nordpol zu Südpol und markiert auf Karten und Globussen die 0°-Länge. Die Erde selbst ist in 360 Längengrade unterteilt, wobei der Nullmeridian als Referenzlinie für alle weiteren Längenmessungen dient.

Historisch wurde der Nullmeridian an verschiedenen Orten festgelegt, doch seit dem späten 19. Jahrhundert gilt der Meridian durch das Royal Observatory in Greenwich, London, als internationaler Standard. Die Wahl von Greenwich erfolgte aufgrund der langjährigen Tradition des Observatoriums in der Zeitmessung und Navigation sowie der Bedeutung Großbritanniens in der Seefahrt und Kartographie. Auf der Internationalen Meridiankonferenz von 1884 wurde die Festlegung offiziell beschlossen.

Die moderne Geodäsie verwendet heute den IERS Reference Meridian, der aufgrund präziser Messkorrekturen etwa 102,5 Meter östlich der historischen Messinglinie im Royal Observatory verläuft. Der Nullmeridian spielt eine zentrale Rolle in der Navigation, Kartographie und Zeitmessung. Er ist Ausgangspunkt für die Bestimmung der Ortszeit, die Koordinaten auf Karten und Globussen sowie die Zeitzonen. Darüber hinaus bildet er die Grundlage für satellitengestützte Systeme wie GPS und andere globale Navigationssysteme, wodurch er tiefgreifende Auswirkungen auf den Alltag und die moderne Wissenschaft hat.

Darüber hinaus dient der Nullmeridian als Symbol für die internationale Zusammenarbeit in Wissenschaft und Forschung, da er weltweit als einheitliche Bezugslinie anerkannt ist. Er ermöglicht eine präzise und koordinierte Kommunikation über Zeit und Raum, die für Handel, Luftfahrt, Schifffahrt und globale Netzwerke unverzichtbar ist.

ZWEI WELTEN VEREINT

Zwei spanische Exklaven, Ceuta und Melilla, liegen umringt von marokkanischem Territorium. Diese autonomen Städte, die seit Jahrhunderten unter spanischer Herrschaft stehen, bieten eine einzigartige Mischung aus europäischer und nordafrikanischer Kultur.

Ceuta, die größere der beiden Exklaven, blickt auf eine lange und bewegte Geschichte zurück. Im Jahr 1415 eroberte Portugal die Stadt von den Mauren. 1580 fiel Ceuta dann an Spanien. Historisch gesehen war Ceuta ein strategisch wichtiger Umschlagplatz im portugiesischen Handel, über den im 15. Jahrhundert große Mengen muslimischer Sklaven aus Nordafrika in den europäischen Markt gebracht wurden. Melilla hingegen wurde 1497 von Spanien erobert und ist seitdem ununterbrochen spanisch.

Die strategische Lage der Exklaven an der Straße von Gibraltar machte sie im Laufe der Jahrhunderte zu begehrten Handelsplätzen und Militärstützpunkten. Nach der Unabhängigkeit Marokkos im Jahr 1956 blieben Ceuta und Melilla spanisch. Dies führte zu Spannungen mit Marokko, das die Souveränität über die Gebiete beansprucht.

Bis heute sind die Exklaven ein Symbol der kolonialen Vergangenheit Spaniens in Nordafrika. Ob Ceuta und Melilla langfristig spanisch bleiben, ist eine Frage der Zeit. Um die Außengrenzen der Europäischen Union zu sichern und irreguläre Migration zu verhindern, sind Ceuta und Melilla jeweils durch hohe, mehrlagige Grenzanlagen (Zäune) physisch von Marokko abgetrennt. Aufgrund der geografischen und kulturellen Nähe ist Spanisch zwar die Amtssprache, doch im Alltag wird von der Bevölkerung häufig auch marokkanisches Arabisch (Darija) gesprochen. Trotz der politischen Unsicherheiten sind die spanischen Exklaven in Nordafrika faszinierende Reiseziele, die einen Besuch wert sind.

ISTHMUS VON PANAMA

Die schmale Landenge, der Isthmus von Panama, verbindet Nord- und Südamerika und trennt den Pazifischen vom Atlantischen Ozean. Vor etwa 3 Millionen Jahren entstand der Isthmus von Panama durch geologische Prozesse, bei denen sich tektonische Platten verschoben und Meeresböden anhoben. Diese geologische Entwicklung hatte enorme Auswirkungen auf das globale Klima und die Meeresströmungen, da sie die Strömung des Wassers zwischen den beiden Ozeanen unterbrach und den Golfstrom verstärkte, was zu einer Abkühlung des Nordatlantiks führte.

Die Verbindung der beiden Kontinente ermöglichte den Austausch von Pflanzen und Tieren zwischen Nord- und Südamerika, ein Ereignis, das als der »Great American Biotic Interchange« bekannt ist. Diese biologische Vermischung hatte tiefgreifende Auswirkungen auf die Evolution und das Ökosystem beider Kontinente.

Der Isthmus von Panama ist auch historisch und wirtschaftlich bedeutend. Der Panamakanal, der 1914 eröffnet wurde, verläuft quer durch die Landenge und ist eine der wichtigsten Schifffahrtsrouten der Welt. Der Kanal verkürzt die Reisezeit für Schiffe erheblich, indem er eine direkte Verbindung zwischen dem Atlantik und dem Pazifik bietet. An seiner schmalsten Stelle, dem sogenannten Isthmus von Darién, misst die Landenge nur etwa 48 Kilometer und ist damit die schmalste Landverbindung zwischen Nord- und Südamerika. Dies hat den globalen Handel revolutioniert und die strategische Bedeutung Panamas enorm gesteigert.

Die Landenge selbst ist eine Region von außergewöhnlicher biologischer Vielfalt. Der dichte Regenwald und die vielfältigen Ökosysteme beherbergen eine reiche Flora und Fauna, einschließlich vieler endemischer Arten.

SCHEIBE ODER KUGEL?

Jahrhundertelang prägte die Vorstellung einer flachen Erde die Welt. Mythen und Legenden rankten sich um den unerforschten Rand der Scheibe, bevölkert von Fabelwesen und Gefahren. Doch die Wissenschaft rückte dieser Vorstellung entgegen. Tatsächlich konnten antike griechische Gelehrte wie Aristoteles und später Eratosthenes bereits Hunderte von Jahren vor Christus durch Beobachtungen von Sternbildern und Sonnenständen mathematisch und logisch die sphärische Form der Erde beweisen.

Mit der Weltumseglung Magellans im 16. Jahrhundert und der Entwicklung von Satellitentechnologie im 20. Jahrhundert wurden unwiderlegbare Beweise für die Kugelform unseres Planeten geliefert. Schiffe verschwinden am Horizont, Schattenwürfe auf dem Mond und die globale Navigation via GPS sprechen eine klare Sprache.

Dennoch gibt es bis heute Menschen, die an der flachen Erde festhalten. Ihre Argumente basieren oft auf Missverständnissen und Fehlinterpretationen wissenschaftlicher Erkenntnisse. Sie misstrauen Autoritäten und suchen Zuflucht in alternativen Erklärungen.

Die moderne Geographie hat unser Wissen über die Erde enorm erweitert und viele Mythen widerlegt. Das flache Erdmodell ist ein Beispiel dafür, wie wichtig es ist, Informationen kritisch zu hinterfragen und sich auf wissenschaftliche Erkenntnisse zu stützen.

Die Erde ist eine Kugel, voller Wunder und Geheimnisse, die es zu erforschen gilt. Lassen wir uns nicht von Mythen und Legenden in die Irre führen, sondern begeben wir uns auf die spannende Reise der Entdeckung, die unser Verständnis des Planeten und unseren Platz in ihm stetig erweitert.

LÄNGSTE GEMEINSAME GRENZE

Die zwei Länder mit der längsten gemeinsamen Grenze der Erde sind Kanada und USA. Ihre Grenze erstreckt sich über 8.891 Kilometer, von der Küste des Atlantischen Ozeans im Osten bis zum Pazifischen Ozean im Westen.

Dies ist deutlich länger als die Grenze zwischen anderen Ländern mit langen gemeinsamen Grenzen, wie zum Beispiel:

- China und Russland: 7.244 km
- Kasachstan und Russland: 6.846 km
- Argentinien und Chile: 5.150 km
- Mongolei und China: 4.677 km

Die lange Grenze ist das Ergebnis ihrer gemeinsamen Geschichte und geografischen Lage. Beide Länder wurden von europäischen Siedlern kolonisiert und haben sich im Laufe der Zeit unabhängig entwickelt. Trotz der enormen Länge und der Bedeutung für den globalen Handel ist diese Grenze als die längste unbefestigte Grenze der Welt bekannt, was die friedlichen Beziehungen zwischen beiden Nationen symbolisiert. Interessanterweise lebt der Großteil der kanadischen Bevölkerung in einem Streifen, der nur 160 Kilometer von dieser Grenze entfernt liegt, wodurch die Grenzregion eine relativ hohe Bevölkerungsdichte aufweist, während weite Teile der Grenze im Westen fast unbesiedelt sind.

Die Grenze verläuft größtenteils durch unberührte Wildnis, was zu Herausforderungen in der Grenzsicherung und -verwaltung führt. Ein berühmtes Symbol dieser Freundschaft ist der »Peace Arch« (Friedensbogen) an der Grenze zwischen Washington und British Columbia.

Dennoch spielt die Grenze auch eine wichtige Rolle für den Handel und die Zusammenarbeit zwischen beiden Ländern.

DER ATLANTIS-MYTHOS

Seit Jahrtausenden geistert der Mythos von Atlantis durch die Menschheit. Eine versunkene Stadt, hoch entwickelt und mächtig, vernichtet durch die Naturgewalten des Meeres. Platon, der berühmte griechische Philosoph, beschrieb Atlantis in seinen Werken »Timaios« und »Kritias«. Detailliert schilderte er die prächtige Inselstadt vor der Küste Spaniens, gegründet von Poseidon, dem Gott des Meeres.

Doch ein gewaltiges Unheil ereilte Atlantis. Ein Beben erschütterte die Erde, ein riesiger Tsunami stürzte herab und verschlang die Stadt innerhalb eines Tages und einer Nacht. Seitdem ranken sich Fragen und Zweifel um Atlantis. War es eine reale Stadt, die tatsächlich unterging? Oder entsprang sie Platons Fantasie, um philosophische Ideen zu veranschaulichen? Viele Historiker und Geologen vermuten, dass die Inspiration für Platons Geschichte in der katastrophalen Eruption des Vulkans Santorin um 1600 v. Chr. liegt, die die minoische Zivilisation auf Kreta durch einen massiven Tsunami und Ascheregen zerstörte.

Befürworter der realen Existenz verweisen auf Platons detaillierte Beschreibungen, die auf eine reale Quelle hindeuten könnten. Antike Autoren erwähnen Atlantis in ihren Schriften, und archäologische Funde wie die Unterwasserruinen von Yonaguni vor Japan werden als mögliche Überreste interpretiert.

Trotz aller Spekulationen argumentieren die meisten klassischen Philologen, dass Platon die Geschichte von Atlantis lediglich als warnende politische Parabel schuf, um seine idealen Staatsformen im Gegensatz zur verderbten Seemacht Athens zu illustrieren. Kritiker zweifeln. Eindeutige Beweise fehlen, Platons Erzählung enthält Ungenauigkeiten, und seine philosophischen Absichten könnten die Erfindung von Atlantis erklären.

RISS DURCH AFRIKA

Ein beeindruckendes geologisches Phänomen, der Große Afrikanische Grabenbruch, erstreckt sich über 6.000 Kilometer von Mosambik im Süden bis nach Jordanien im Norden. Diese riesige Risszone entsteht durch das Auseinanderdriften der Afrikanischen Platte, die sich in die Nubische und die Somalische Platte aufspaltet. Der Grabenbruch ist bekannt für seine vulkanische und seismische Aktivität sowie für seine atemberaubenden Landschaften.

Eine der bemerkenswertesten Regionen des Grabenbruchs ist das Ostafrikanische Hochland, das durch gewaltige Vulkane wie den Kilimandscharo und den Mount Kenya dominiert wird. Diese Vulkane sind nicht nur geologisch interessant, sondern auch bedeutende Wahrzeichen und Touristenattraktionen. Der Grabenbruch umfasst auch den Großen Afrikanischen Seen, wie den Tanganjikasee und den Malawisee, die zu den tiefsten und ältesten Seen der Welt gehören.

In den Tälern des Grabenbruchs finden sich zahlreiche aktive Vulkane und heiße Quellen, die von der ständigen geothermischen Aktivität zeugen. Diese Region ist auch reich an Fossilienfunden, die wichtige Hinweise auf die menschliche Evolution liefern. Berühmte Fundorte wie die Olduvai Gorge in Tansania haben bedeutende Entdeckungen hervorgebracht, die unser Verständnis der frühen Menschheit erweitert haben. Experten gehen davon aus, dass der Grabenbruch, wenn die tektonische Bewegung in den nächsten zehn Millionen Jahren anhält, schließlich zur Trennung des Kontinents führen wird, wobei die Risszone dann mit Wasser gefüllt wird und ein neuer Ozean entsteht.

Der Große Afrikanische Grabenbruch ist somit nicht nur ein faszinierendes geologisches Phänomen, sondern auch ein Gebiet von großer ökologischer und kultureller Bedeutung.

BEEINDRUCKENDER SCHUTZSCHILD

Ein unsichtbares Kraftfeld, das unseren Planeten umgibt und schützt, ist das Magnetfeld der Erde. Es entsteht durch Bewegungen flüssigen Eisens im äußeren Erdkern, tief unter der Erdkruste. Dieses Magnetfeld wirkt wie ein gigantischer Schild, der gefährliche Strahlung aus dem Weltraum ablenkt. Beim Auftreffen des Sonnenwinds entsteht eine Schockwelle, die als Bugwelle (Bow Shock) bezeichnet wird, in der das Magnetfeld die geladenen Teilchen wie ein unsichtbarer Schutzwall um die Erde herumleitet. Ohne dieses schützende Feld wäre Leben auf der Erde, wie wir es kennen, kaum möglich.

Die Magnetpole der Erde sind nicht fest, sondern wandern. Der magnetische Nordpol bewegt sich derzeit etwa 40 Kilometer pro Jahr Richtung Sibirien. Das Magnetfeld sorgt auch dafür, dass Kompasse funktionieren, indem sie sich nach Norden ausrichten. Manchmal kehren sich die Pole um – ein Phänomen, das als geomagnetische Umkehrung bekannt ist. Die letzte solche Umkehrung fand vor etwa 780.000 Jahren statt. Wissenschaftler untersuchen das Magnetfeld mithilfe von Satelliten und anderen Instrumenten, um mehr über seine Veränderungen und Schwankungen zu erfahren. Aktuelle Forschungen zeigen, dass sich das Magnetfeld derzeit abschwächt, insbesondere in einem großen Gebiet über dem Südatlantik, der sogenannten Südatlantischen Anomalie. Im direkten Vergleich hat unser Nachbar Mars sein Magnetfeld vor Jahrmillionen verloren, was dazu führte, dass die Sonnenwinde seine Atmosphäre fast vollständig abgetragen haben und der Planet kalt und trocken wurde.

Die Nordlichter, auch Polarlichter genannt, sind ein spektakuläres Phänomen, das durch die Wechselwirkung des Magnetfelds mit Sonnenwinden entsteht. Das Erdmagnetfeld ist also nicht nur lebenswichtig, sondern auch faszinierend und voller Geheimnisse.

LEBEN IN DER TROCKENHEIT

Entlang der Pazifikküste Südamerikas erstreckt sich die Atacama-Wüste in Chile, die als eine der trockensten Regionen der Welt gilt. Ihre Landschaft ist geprägt von schroffen Bergen, tiefen Schluchten, Salzseen und vulkanischen Formationen. Ein herausragendes Merkmal ist das Valle de la Luna (Mondtal), dessen Mondlandschaft an die Oberfläche eines fremden Planeten erinnert und Besucher mit bizarren Felsformationen, Salzformationen und beeindruckenden Dünen beeindruckt.

Trotz ihrer extremen Trockenheit beherbergt die Atacama-Wüste eine erstaunliche Vielfalt an Lebensformen, darunter einzigartige Pflanzen- und Tierarten, die sich an die extremen Bedingungen angepasst haben. Salzseen bieten Lebensraum für Flamingos und andere Wasservögel, während einige der trockensten Gebiete überraschend eine Vielfalt an Mikroorganismen beherbergen. Darüber hinaus ist die Wüste reich an archäologischen Stätten und Relikten alter indigener Zivilisationen, die einen faszinierenden Einblick in die Geschichte der Region bieten.

Die extrem geringe Luftfeuchtigkeit und die große Höhe machen die Atacama zu einem der besten Orte weltweit für die Astronomie, weshalb dort Observatorien wie das ALMA-Teleskop-Array angesiedelt sind. Aufgrund der extremen Trockenheit, die in manchen Bereichen über 40 Jahre lang keine messbaren Niederschläge aufwies, nutzen Forscher Teile der Wüste als Mars-Analoggebiet, um die Überlebensfähigkeit von Mikroorganismen unter außerirdischen Bedingungen zu untersuchen.

Für Abenteurer und Naturliebhaber ist die Atacama-Wüste ein einzigartiges Reiseziel, das mit seiner unberührten Schönheit, seiner faszinierenden Geschichte und seinen spektakulären Landschaften fasziniert.

ENDLOSE KÜSTENLANDSCHAFT

Die längste Küstenlinie der Welt besitzt Kanada, die sich über etwa 202.080 Kilometer erstreckt. Diese beeindruckende Länge ist mehr als fünfmal so lang wie die zweitlängste Küstenlinie, die Indonesien gehört. Kanadas Küste erstreckt sich entlang des Atlantiks, des Pazifiks und des Arktischen Ozeans. Die extreme Länge ist darauf zurückzuführen, dass Kanada über mehr als 52.000 Inseln verfügt, deren Küstenlinien vollständig in dieser Gesamtzahl enthalten sind und somit die Gesamtlänge vervielfachen. Durch diese Vielfalt an Küstengewässern bietet das Land eine beeindruckende Vielfalt an Landschaften und Ökosystemen.

Von den felsigen Klippen Neufundlands bis zu den Sandstränden der kanadischen Arktis, Kanadas Küsten sind so vielfältig wie faszinierend.

Die Küstengebiete beherbergen zahlreiche Tierarten, darunter Robben, Wale und eine Vielzahl von Seevögeln. Trotz der riesigen Länge der Küste ist ein Großteil davon unbewohnt und unberührt, was sie besonders attraktiv für Abenteurer und Naturliebhaber macht.

Die berühmte Inside Passage in British Columbia ist ein beliebtes Ziel für Kreuzfahrten, während die Bay of Fundy in Nova Scotia für ihre extremen Gezeitenunterschiede bekannt ist. Die Gezeiten in der Bay of Fundy zählen zu den extremsten der Welt und können in der Spitze einen Höhenunterschied von über 16 Metern zwischen Ebbe und Flut aufweisen.

Kanadas Küstenlinie spielt auch eine wichtige Rolle in der Kultur und Geschichte des Landes, da viele indigene Völker und Siedler von den Ressourcen des Meeres abhängig waren. Mit so vielen einzigartigen und malerischen Küstenabschnitten ist es kein Wunder, dass Kanada diesen beeindruckenden Rekord hält.

GRENZENLOSE WEITE

Im Herzen Zentralasiens befindet sich der Aralsee, einstmals der viertgrößte Binnensee der Welt. Heute ist er ein dramatisches Beispiel für eine ökologische Katastrophe, ausgelöst durch menschliche Eingriffe. Die Geschichte des Sees ist eine Geschichte des rapiden Rückzugs, der in den 1960er-Jahren begann, als die Sowjetunion große Mengen Wasser aus seinen Hauptzuflüssen, den Flüssen Amudarja und Syrdarja, für riesige Baumwoll- und Reisanbauprojekte in den Wüstenregionen ableitete.

Dieses massive Bewässerungsprogramm führte dazu, dass kaum noch Wasser den See erreichte. Bis in die frühen 2000er-Jahre schrumpfte die Oberfläche des Sees auf weniger als 10 Prozent seiner ursprünglichen Größe zusammen und spaltete sich in mehrere kleine Restseen auf. Die einstige Küstenlinie zog sich Hunderte von Kilometern zurück und hinterließ eine riesige, trockene Fläche, die heute als Aralkum-Wüste bekannt ist. Die sichtbare Folge dieser Tragödie sind die Schiffsfriedhöfe in ehemaligen Hafenstädten wie Muinak (Usbekistan). Dort rosten große Fischkutter inmitten der Wüste, viele Kilometer vom heutigen Ufer entfernt, als mahnende Zeitzeugen.

Die ökologischen und gesundheitlichen Folgen für die Region sind verheerend: Die Salzkonzentration in den Restseen stieg drastisch an und tötete fast alle Fische. Darüber hinaus trägt der Wind jedes Jahr Millionen Tonnen von toxischem Salz, Pestiziden und Chemikalien aus dem trockengelegten Seeboden in die Atmosphäre, was zu massiven Gesundheitsproblemen in den umliegenden Siedlungen führt. Trotz internationaler Bemühungen, den nördlichen Teil des Sees (Kleiner Aral) durch den Bau von Dämmen zu stabilisieren und wieder aufzufüllen, bleibt der Aralsee ein eindringliches Symbol für die Verletzlichkeit natürlicher Ökosysteme gegenüber menschlicher Ausbeutung.

PERUS FASZINIERENDES RÄTSEL

Riesige Geoglyphen, die sogenannten Nazca-Linien, befinden sich in der Nazca-Wüste im Süden Perus. Diese beeindruckenden Bodenzeichnungen wurden zwischen etwa 500 v. Chr. und 500 n. Chr. von der Nazca-Kultur geschaffen. Die Linien erstrecken sich über eine Fläche von rund 500 Quadratkilometern und umfassen Hunderte unterschiedlicher Formen, darunter geometrische Figuren, Tierdarstellungen wie Affen, Spinnen und Kolibris sowie einige wenige humanoide Figuren.

Die Geoglyphen sind so groß angelegt, dass viele von ihnen nur aus der Luft vollständig sichtbar sind. Das verleiht ihrer Entstehung und ihrem Zweck bis heute etwas Geheimnisvolles. Die Nazca-Linien entstanden, indem die oberste, dunkle Steinschicht entfernt wurde, sodass der helle Untergrund zum Vorschein kam. Ihre außergewöhnliche Erhaltung über Jahrtausende hinweg ist vor allem dem extrem trockenen und windarmen Klima der peruanischen Küstenwüste zu verdanken. Regen fällt dort nur äußerst selten, wodurch die empfindlichen Linien kaum erodieren.

Über den Zweck der Nazca-Linien gibt es zahlreiche Theorien. Einige Forscher vermuten astronomische oder religiöse Bedeutungen, möglicherweise im Zusammenhang mit Ritualen zur Verehrung von Göttern oder zur Markierung von Wasserquellen. Andere Hypothesen – meist aus dem Bereich der Popkultur – spekulieren über Verbindungen zu Außerirdischen, was jedoch wissenschaftlich nicht gestützt wird.

Die Nazca-Linien wurden 1994 in die Liste des UNESCO-Weltkulturerbes aufgenommen und gelten als faszinierendes Beispiel für die Kreativität, Symbolik und Ingenieurskunst der Nazca-Kultur. Bis heute ziehen sie zahlreiche Forschende und Reisende an, die versuchen, die Geheimnisse dieser rätselhaften Geoglyphen weiter zu entschlüsseln.

ITALIENS STIEFELFORM

Wegen seiner charakteristischen Form wird Italien oft als »Stiefel« bezeichnet, weil seine Umrisse auf der Landkarte einem Stiefel ähneln. Der »Absatz« dieses Stiefels ist die Region Apulien, die für ihre wunderschönen Küsten, historischen Städte, Olivenhaine und Trulli (die charakteristischen, kegelförmigen Steinhäuser) bekannt ist. Diese geografische Form macht Italien zu einem der leicht erkennbaren Länder auf der Weltkarte.

Die prägnante Stiefelform Italiens ist ein direktes Ergebnis der kontinuierlichen Kollision der Afrikanischen mit der Eurasischen Platte, wodurch die Landmasse der Halbinsel angehoben und geformt wurde. Die gesamte Region Kalabrien, welche die Stiefelspitze bildet, ist geologisch hochaktiv und weist eine der höchsten seismischen Gefahrenzonen Europas auf, da sich hier die beiden Erdplatten direkt treffen.

Der »Stiefel« umfasst auch den »Sporn«, den die Halbinsel Gargano bildet. Dieser Teil von Italien ist reich an Kultur und Geschichte, mit vielen antiken Ruinen und mittelalterlichen Dörfern.

Sizilien, die größte Insel im Mittelmeer, liegt direkt vor der »Stiefelspitze« und ist ebenfalls ein bedeutender Teil Italiens. Im Gegensatz zu Sizilien, das die »Kugel« unter der Stiefelspitze darstellt, liegt die kleinere Insel Pantelleria näher am afrikanischen Kontinent und wird in der Metapher oft als der »Fußball« betrachtet, der vom Stiefel getreten wird. Die schmale Meerenge, die den Stiefel von Sizilien trennt, ist die Straße von Messina, welche nur 3,1 Kilometer breit ist und in der antiken Mythologie die Heimat der Seeungeheuer Skylla und Charybdis war. Diese Region ist nicht nur landschaftlich reizvoll, sondern auch kulinarisch eine Reise wert, mit einer Vielzahl von traditionellen Gerichten und Weinen.

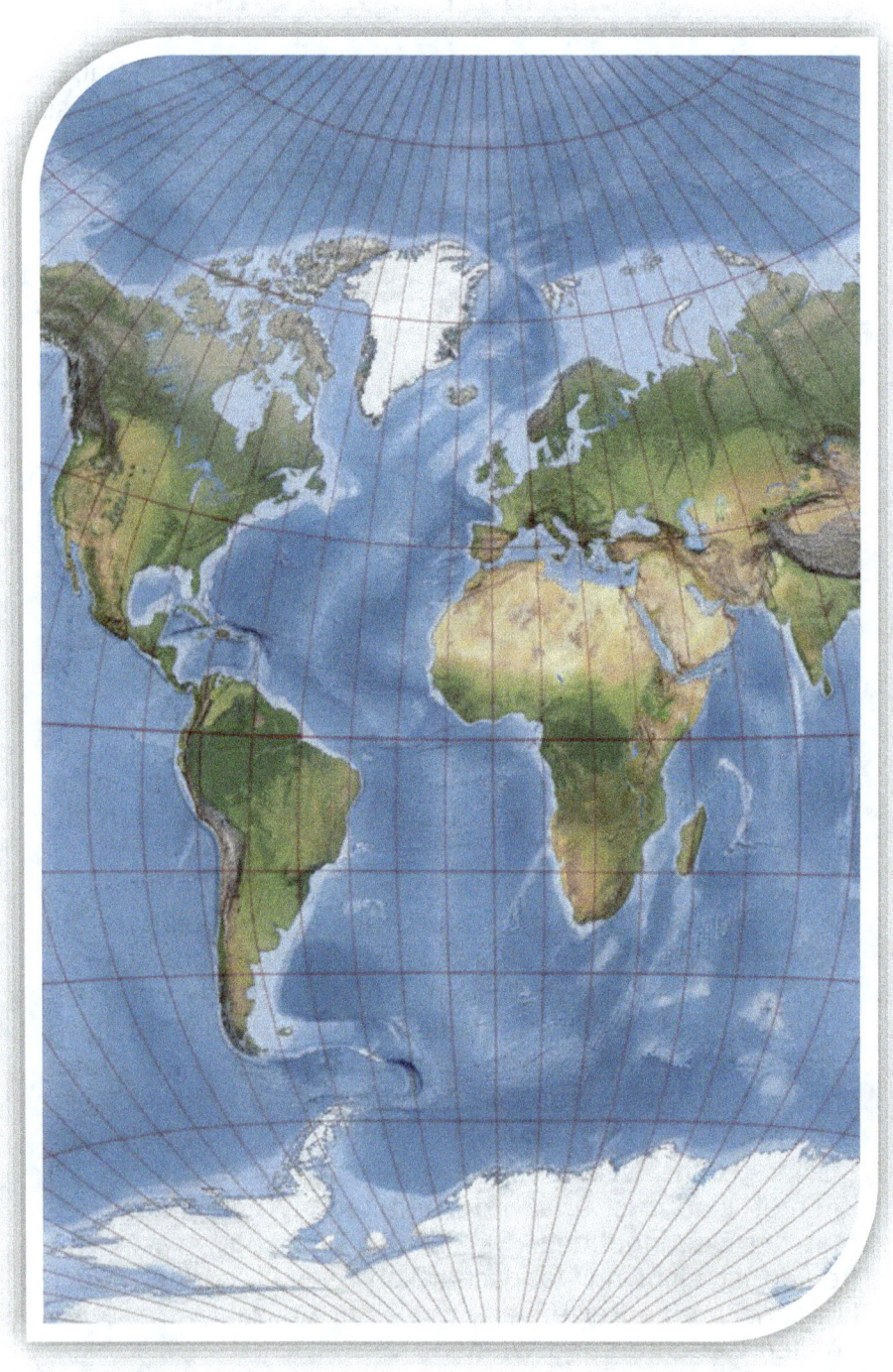

GESTRECKTE KONTINENTE

Ein faszinierendes Thema, das zeigt, wie die Darstellung der Erde auf einer flachen Karte die Größe und Form von Ländern verzerren kann, sind optische Täuschungen auf Karten. Eine der bekanntesten Kartenprojektionen, die solche Verzerrungen verursacht, ist die Mercator-Projektion. Diese Projektion wurde ursprünglich für die Navigation entwickelt. Allerdings verzerrt sie die Größe von Landmassen extrem, besonders in den Polarregionen.

So erscheinen Länder wie Grönland und Russland viel größer als sie tatsächlich sind, während Äquatorregionen (siehe Afrika) vergleichsweise kleiner wirken. Tatsächlich ist der afrikanische Kontinent so riesig, dass er die Landflächen der USA, Chinas, Indiens, Japans und ganz Europas zusammenfassen könnte, obwohl er auf der Mercator-Karte oft kleiner wirkt als Grönland.

Eine weitere Projektion, die Verzerrungen verursacht, ist die Peters-Projektion. Diese versucht, Flächen gleich groß darzustellen, was jedoch die Form der Kontinente stark verzerrt. In der Peters-Projektion erscheinen Länder in der Nähe des Äquators gestreckt und langgezogen, während polare Regionen gestaucht und breit wirken. Diese Projektion betont die relative Größe der Landmassen auf Kosten der Form.

Die Robinson-Projektion ist ein Kompromiss zwischen Größe und Formverzerrung. Sie versucht, die Verzerrungen in beiden Bereichen zu minimieren, aber trotzdem gibt es Verzerrungen, besonders an den Rändern der Karte. Länder in der Mitte der Karte erscheinen relativ korrekt, während diejenigen an den Rändern immer noch verzerrt sind. Diese Projektionen sind nützlich für bestimmte Zwecke, aber keine von ihnen kann eine perfekte Darstellung der dreidimensionalen Erde auf einer flachen Oberfläche bieten.

DER WINDIGSTE ORT DER ERDE

Cape Denison, gelegen an der Küste der Commonwealth-Bucht in der Ostantarktis, gilt als der windigste Ort der Erde. Dieser abgelegene Standort ist bekannt für seine extremen und konstant starken Winde, die als katabatische Winde bezeichnet werden. Nicht nur die Spitzenböen sind rekordverdächtig, sondern die durchschnittliche jährliche Windgeschwindigkeit liegt hier bei über 80 km/h, was dem Ort seinen Titel als dauerhaft windigste Region der Welt sichert.

Diese Winde entstehen, wenn kalte, dichte Luft von den zentralen antarktischen Hochplateaus in Richtung Küste strömt. Aufgrund der steilen Topografie und der hohen Temperaturunterschiede erreicht der Wind hier regelmäßig Geschwindigkeiten von über 150 km/h. Katabatische Winde (oder Absturzwinde) sind extrem kalt und fallen buchstäblich mit hoher Geschwindigkeit von der Hochebene zum Meer hinab, wodurch ihre Kraft durch die Gravitation zusätzlich beschleunigt wird.

1912 wurde Cape Denison von der australischen Antarktis-Expedition unter der Leitung von Douglas Mawson erforscht. Die Expeditionsteilnehmer erlebten die unerbittlichen Windbedingungen hautnah, was das Leben und Arbeiten extrem erschwerte. Sie berichteten von Windgeschwindigkeiten, die häufig so stark waren, dass es unmöglich war, draußen zu arbeiten oder sich sicher zu bewegen.

Trotz der extremen Bedingungen ist Cape Denison ein wichtiger Standort für wissenschaftliche Forschung. Die anhaltenden Windgeschwindigkeiten und die harschen Wetterbedingungen bieten wertvolle Daten für Klimaforschung und meteorologische Studien. Cape Denison bleibt ein bemerkenswertes Beispiel für die extremen Naturkräfte, die in der Antarktis wirken, und die Anpassungsfähigkeit der Menschen, die dort forschen.

DAS JUWEL SIBIRIENS

Der tiefste See der Welt, der Baikalsee, liegt in Sibirien, Russland. Seine beeindruckende maximale Tiefe von etwa 1.642 Metern macht ihn zu einem geografischen Wunder und einem faszinierenden Forschungsobjekt für Wissenschaftler auf der ganzen Welt. Er wird auf etwa 25 Millionen Jahre geschätzt, was ihn zu einem der ältesten Seen der Erde macht. Dank dieser Tiefe und seiner enormen Ausdehnung enthält der Baikalsee etwa 20 Prozent der gesamten flüssigen, unvereisten Süßwasserreserven der Welt, mehr als alle nordamerikanischen Großen Seen zusammen.

Die Entstehung des Baikalsees geht auf tektonische Aktivitäten zurück, die vor Millionen von Jahren begannen. Der See liegt in einer tektonischen Senke, die sich im Laufe der Zeit durch die Bewegung der Erdkruste gebildet hat. Diese geologische Formation ist von enormem Interesse für Wissenschaftler, die die Entwicklung von Seen und die Dynamik der Erdkruste besser verstehen möchten.

Neben seiner beeindruckenden Tiefe ist der Baikalsee auch für die außergewöhnliche Klarheit und Reinheit seines Wassers bekannt. Das Wasser des Baikalsees ist so klar, dass man bis zu 40 Meter tief sehen kann. Diese Reinheit macht den Baikalsee zu einem einzigartigen Ökosystem mit einer erstaunlichen Vielfalt an Pflanzen- und Tierarten, von denen viele endemisch sind und nur hier vorkommen. Das bekannteste endemische Tier ist die Baikalrobbe (Nerpa), die einzige Robbenart weltweit, die ausschließlich im Süßwasser lebt und deren Herkunft in diesem Binnensee ein anhaltendes biologisches Rätsel darstellt. Der Baikalsee beherbergt eine Vielzahl von Lebensräumen, darunter Wälder, Steppen, Sümpfe und Flussmündungen. Diese Vielfalt an Lebensräumen trägt zur Artenvielfalt des Baikalsees bei und macht ihn zu einem wichtigen Hotspot für den Naturschutz.

VON ALASKA NACH ARGENTINIEN

Die längste Straße der Welt, die Panamericana (Pan-American Highway), erstreckt sich über eine Gesamtlänge von etwa 30.000 Kilometern und verbindet den äußersten Norden von Nordamerika mit dem südlichsten Punkt Südamerikas. Die Panamericana beginnt in Prudhoe Bay, Alaska, und endet in Ushuaia, Argentinien. Das ursprüngliche Konzept für die Straße entstand bereits auf dem fünften Internationalen Konferenz amerikanischer Staaten im Jahr 1923 mit der Vision, alle Länder des amerikanischen Doppelkontinents politisch und wirtschaftlich zu verbinden. Sie durchquert dabei eine Vielzahl von Ländern, Klimazonen und Landschaften, was sie zu einer der abwechslungsreichsten und spektakulärsten Straßen der Welt macht.

Die Trasse führt durch 14 Länder: die USA, Kanada, Mexiko, Guatemala, El Salvador, Honduras, Nicaragua, Costa Rica, Panama, Kolumbien, Ecuador, Peru, Chile und Argentinien. Diese Straße bietet Reisenden die Möglichkeit, eine enorme Vielfalt an Kulturen, Naturlandschaften und Sehenswürdigkeiten zu erleben. Von den eisigen Weiten Alaskas über die Wüsten Mexikos bis hin zu den tropischen Regenwäldern Mittelamerikas und den Anden Südamerikas – die Panamericana zeigt die gesamte Bandbreite der Naturwunder des amerikanischen Kontinents.

Ein bemerkenswertes Merkmal der Panamericana ist der »Darién Gap«, ein etwa 160 Kilometer langer, unerschlossener Abschnitt zwischen Panama und Kolumbien. Dieser dichte Dschungel ist unpassierbar für Fahrzeuge und stellt eine erhebliche Herausforderung für Reisende dar, die die gesamte Strecke zurücklegen möchten. Der Darién Gap fungiert als entscheidende ökologische Pufferzone, welche Ausbreitung von Tierseuchen zwischen Nord- und Südamerika verhindert und somit einen wichtigen Beitrag zum Naturschutz leistet.

HÖCHSTER BERG DER WELT?

Ein beeindruckender Vulkan auf der Insel Hawaii ist Mauna Kea, der oft als der höchste Berg der Welt bezeichnet wird, wenn man seine Höhe vom Meeresgrund aus misst. Obwohl sein Gipfel nur 4.207 Meter über dem Meeresspiegel liegt, erhebt sich Mauna Kea tatsächlich etwa 10.203 Meter vom Meeresboden aus, was ihn höher macht als den Mount Everest.

Der Berg ist ein schlafender Vulkan, der zuletzt vor etwa 4.600 Jahren ausgebrochen ist. Sein Name bedeutet »Weißer Berg« auf Hawaiianisch, was auf die Schneebedeckung seines Gipfels im Winter hinweist. Dieser Vulkan ist nicht nur ein geologisches Wunder, sondern auch ein bedeutendes kulturelles und spirituelles Symbol für die Einheimischen, die ihn als heiligen Ort betrachten.

Mauna Kea ist auch weltweit bekannt für seine astronomischen Observatorien. Aufgrund seiner Höhe, der dünnen Atmosphäre und der geringen Lichtverschmutzung ist der Gipfel von Mauna Kea einer der besten Orte der Welt für astronomische Beobachtungen. Wegen der günstigen Wetterbedingungen und des strategischen Nutzens in der dünnen Luft diente der Gipfel während des Zweiten Weltkriegs den US-Streitkräften zeitweise als Testgelände für militärische Ausrüstung. Hier befinden sich einige der größten und leistungsfähigsten Teleskope, die Astronomen aus der ganzen Welt anziehen. Ein entscheidender Vorteil für die Beobachtungsqualität ist die hier vorherrschende stabile Temperaturschichtung (Temperatur-Inversion), die turbulente Wolkenschichten unterhalb des Gipfels hält und so eine außergewöhnlich klare Sicht ermöglicht.

Der Aufstieg zum Gipfel ist anspruchsvoll und erfordert eine gute körperliche Verfassung und Akklimatisation an die Höhe. Für diejenigen, die den Aufstieg schaffen, bietet sich ein atemberaubender Blick über die Insel.

NATURWUNDER IM NORDEN

Grönland, die größte Insel der Welt, beeindruckt mit einer Fläche von etwa 2,166 Millionen Quadratkilometern und einer dicken Eisschicht, die rund 80% der Insel bedeckt. Dieses Inlandeis, das zweitgrößte der Welt, spielt eine zentrale Rolle im globalen Klimasystem und birgt wertvolle Informationen über das Klima der Vergangenheit. Obwohl Grönland geografisch zu Nordamerika gehört, ist es ein autonomes Gebiet des Königreichs Dänemark, das seine Selbstverwaltung in den letzten Jahrzehnten schrittweise erweitert hat. Wissenschaftler aus aller Welt kommen hierher, um diese Daten zu erforschen, während die dramatischen Gletscher und tiefen Fjorde Abenteurer und Naturfreunde anziehen.

Die dünn besiedelte Insel ist Heimat von etwa 56.000 Menschen, die hauptsächlich in kleinen Küstengemeinden leben. Die Inuit, die Ureinwohner Grönlands, haben eine tiefe kulturelle Verbindung zu ihrer harschen arktischen Umgebung. Ihre Traditionen, Sprache und Lebensweise sind faszinierend und einzigartig. Grönland bietet zudem spektakuläre Naturerlebnisse wie die Mitternachtssonne im Sommer und die Polarnacht im Winter, wenn die Dunkelheit von atemberaubenden Nordlichtern erhellt wird.

Der Name »Grönland« (Grünes Land) stammt ironischerweise vom Wikinger Erik dem Roten, der die Insel im 10. Jahrhundert so nannte, um Siedler anzulocken, obwohl nur die Küstenstreifen wirklich grün sind.

Doch Grönland steht auch vor großen Herausforderungen durch den Klimawandel. Das Schmelzen des Eises führt zu einem Anstieg des Meeresspiegels und bedroht die traditionellen Lebensweisen der Inuit. Diese Veränderungen machen die Insel zu einem Brennpunkt der Klimaforschung und globalen Umweltdebatten. Grönland ist ein Land der Extreme und der Schönheit, das die Aufmerksamkeit der Welt verdient.

UNENDLICHE WEITE DES PAZIFIKS

Der Pazifische Ozean ist der größte Ozean der Erde und bedeckt etwa 165 Millionen Quadratkilometer, was fast ein Drittel der Erdoberfläche entspricht. Mit einer Tiefe von bis zu 11.034 Metern im Marianengraben ist er auch der tiefste Ozean der Welt. Der Pazifik erstreckt sich von der Arktis im Norden bis zur Antarktis im Süden und grenzt im Westen an Asien und Australien und im Osten an die Amerikas. Faszinierend ist, dass der Pazifik die Hälfte des gesamten freien Wassers der Erde enthält und damit die Landfläche aller Kontinente zusammen übertrifft. Seine gewaltige Fläche und Tiefe machen den Pazifik zu einem faszinierenden und wichtigen Bestandteil des globalen Ökosystems.

Der Pazifik ist auch der vielfältigste Ozean. Er beherbergt eine erstaunliche Vielfalt an Meereslebewesen, von winzigen Planktonarten bis hin zu riesigen Walen. Die Korallenriffe des Pazifiks, insbesondere das Great Barrier Reef vor der Küste Australiens, sind die größten und artenreichsten der Welt. Diese Riffe sind von unschätzbarem Wert für die Biodiversität und bieten Lebensraum für tausende von Meeresarten. Der Pazifik ist auch eine wichtige Quelle für die weltweite Fischerei, was jedoch auch zu Überfischung und anderen Umweltproblemen führt.

Der Pazifik hat auch eine immense kulturelle und historische Bedeutung. Viele alte Zivilisationen, wie die Polynesier, Micronesier und Melanesier, nutzten den Pazifik für ihre epischen Seereisen und verbreiteten ihre Kulturen über Tausende von Inseln. Geologisch wird der Ozean vom sogenannten »Ring of Fire« umrahmt, einer hufeisenförmigen Zone mit etwa 450 aktiven Vulkanen und 90 Prozent aller Erdbeben, die die tektonische Aktivität der Platte widerspiegelt. Die Pazifikregion ist jedoch auch anfällig für Naturkatastrophen wie Erdbeben, Tsunamis und Taifune, die erheblichen Einfluss auf die Anrainerstaaten haben können.

NATURSPEKTAKEL ANGEL FALLS

Der Salto Ángel, auch bekannt als Angel Falls, ist zweifellos eine der atemberaubendsten Naturattraktionen der Welt. Mit einer beeindruckenden Höhe von 979 Metern ist er der höchste Wasserfall der Erde, der majestätisch über die abgelegenen Tafelberge des venezolanischen Dschungels stürzt. Sein Name stammt von dem amerikanischen Piloten Jimmy Angel, der als Erster die Wasserfälle aus der Luft entdeckte. Aufgrund der extremen Fallhöhe von fast einem Kilometer erreicht das Wasser niemals den Boden als geschlossener Strom, sondern zerstäubt weit vor dem Aufprall vollständig zu feinem Nebel und versickert im Regenwald.

Der Salto Ángel liegt inmitten des beeindruckenden Canaima-Nationalparks, einem UNESCO-Welterbe, das von dichten Regenwäldern, imposanten Tafelbergen und malerischen Flüssen geprägt ist. Der Wasserfall stürzt vom Auyán-Tepui, einem der größten und berühmtesten jener Tafelberge (Tepuis) Venezuelas, die geologisch einzigartig sind und als »Inseln über den Wolken« endemische Ökosysteme beherbergen. Der Zugang zu den Wasserfällen ist eine Herausforderung und erfordert oft eine abenteuerliche Reise per Boot oder Flugzeug durch die unberührte Wildnis des Dschungels.

Für diejenigen, die den Mut haben, sich dem Abenteuer zu stellen, belohnt der Salto Ángel mit einem unvergesslichen Erlebnis. Der Anblick des Wasserfalls, der sich majestätisch über die Klippen ergießt und in einem feinen Nebel in die Tiefe stürzt, ist einfach atemberaubend. Der Anblick und der Klang des herabstürzenden Wassers lassen Besucher ehrfürchtig innehalten und erinnern sie an die unermessliche Schönheit und Kraft der Natur.

Der Salto Ángel ist nicht nur ein Ziel für Abenteurer und Naturliebhaber, sondern auch ein Symbol für die unberührte Wildnis Venezuelas und die Wunder der Natur.

TANZENDES LICHT DER POLE

Die Nordlichter, auch bekannt als Aurora Borealis, sind zweifellos eines der faszinierendsten Naturspektakel der Erde. Diese schillernden Lichter, die am nächtlichen Himmel tanzen, entstehen, wenn geladene Teilchen aus der Sonne in die Erdatmosphäre eindringen und mit Gasmolekülen kollidieren. Gelangt der Sonnenwind in die Erdatmosphäre, kollidieren die Partikel mit Sauerstoffatomen, was das häufigste grüne Licht erzeugt, während Kollisionen mit Stickstoffatomen für die selteneren violetten und blauen Farbtöne verantwortlich sind. Dieses spektakuläre Phänomen ist vor allem in den Polargebieten zu beobachten, wo die Bedingungen für die Entstehung der Nordlichter besonders günstig sind.

Die Nordlichter erscheinen in einer Vielzahl von Farben, darunter grün, rosa, violett und blau, wobei das grüne Licht am häufigsten ist. Ihr Erscheinen ist jedoch oft unvorhersehbar und hängt von einer Reihe von Faktoren ab, darunter die Aktivität der Sonne, die Wetterbedingungen und die Dunkelheit der Nacht. Aus diesem Grund ist die Beobachtung der Nordlichter ein einmaliges und unvorhersehbares Erlebnis, das diejenigen, die es erleben, oft tief beeindruckt.

Die Nordlichter haben seit jeher die Fantasie der Menschen beflügelt und sind ein zentrales Element vieler Mythen und Legenden. Für die Ureinwohner der Arktis waren die Nordlichter heilige Erscheinungen, die mit den Geistern ihrer Vorfahren in Verbindung gebracht wurden. Das Gegenstück zur Aurora Borealis auf der Nordhalbkugel ist die Aurora Australis, die Südlaterne, welche in den Polregionen der Antarktis und über südlichen Breitengraden wie Tasmanien oder Neuseeland beobachtet werden kann. Heute sind die Nordlichter eine der wichtigsten Attraktionen für Touristen, die die Polarregionen besuchen, und bieten unvergessliche Erlebnisse für alle, die das Glück haben, sie zu sehen.

UNTERWASSERPARADIESE

Korallenriffe sind faszinierende Unterwasserwelten voller Farben und Leben, die zu den vielfältigsten Ökosystemen der Erde gehören. Diese beeindruckenden Strukturen entstehen durch das Wachstum von winzigen, kalkhaltigen Polypen, die in großen Kolonien zusammenleben. Korallenriffe beherbergen eine erstaunliche Vielfalt an marinem Leben, darunter Fische, Korallen, Krebse und viele andere Arten, die eng miteinander verbunden sind und ein komplexes Nahrungsnetz bilden.

Die Korallenriffe sind nicht nur Lebensraum für eine unglaubliche Vielfalt an Meereslebewesen, sondern auch von entscheidender Bedeutung für die Gesundheit des Ozeans und des gesamten Planeten. Sie dienen als Schutz- und Brutstätten für Fische und andere Meerestiere, regulieren die Küstenerosion und tragen zur Stabilität des globalen Klimas bei, indem sie große Mengen an Kohlendioxid aus der Atmosphäre aufnehmen und speichern. Tatsächlich werden Korallenriffe oft als die »Regenwälder der Meere« bezeichnet, da sie, obwohl sie weniger als 0,1 Prozent der Meeresfläche einnehmen, etwa 25 Prozent aller bekannten marinen Arten beherbergen.

Trotz ihrer ökologischen und wirtschaftlichen Bedeutung sind die Korallenriffe weltweit bedroht, hauptsächlich durch menschliche Aktivitäten wie Überfischung, Verschmutzung, Küstendekontamination und vor allem durch den Klimawandel. Die steigenden Wassertemperaturen und die Versauerung der Ozeane führen zu massiven Korallenbleichen, bei denen die Korallen ihre leuchtenden Farben verlieren und absterben. Die Farbe der Korallen stammt von symbiotischen Algen (Zooxanthellen), die in ihrem Gewebe leben; bei Stress stoßen die Polypen diese Algen ab, was die Koralle weiß erscheinen lässt und sie hungern lässt. Der Schutz und die Erhaltung der Korallenriffe sind daher von entscheidender Bedeutung für die Zukunft unseres Planeten.

SCHMELZENDE SCHÄTZE

Gletscher sind majestätische Schöpfungen der Natur, die aus Schnee entstehen, der im Laufe von Jahrhunderten zu Eis verdichtet wird und langsam die Berghänge hinabfließt. Diese mächtigen Eismassen bedecken weite Gebiete und formen Landschaften mit ihrer gewaltigen Kraft. Der Prozess der Verdichtung, bei dem eingeschlossene Luft aus dem Schnee entweicht, wird als Diagenese bezeichnet und ist dafür verantwortlich, dass Gletschereis eine charakteristische blaue Farbe annimmt, da es rotes Licht absorbiert. Gletscher sind nicht nur beeindruckende Naturphänomene, sondern auch wichtige Indikatoren für den Klimawandel und die Gesundheit unseres Planeten.

Die Bedeutung von Gletschern erstreckt sich weit über ihre beeindruckende Erscheinung hinaus. Sie sind Quellen für Trinkwasser, Flüsse und Ökosysteme und spielen eine entscheidende Rolle bei der Regulierung des globalen Wasserkreislaufs. Der Schmelzwasserabfluss von Gletschern ernährt zahlreiche Flüsse und Bäche, die wiederum Milliarden von Menschen mit Wasser versorgen. Geologen bezeichnen Gletscherschmelzwasser oft als »weißes Gold«, da es in vielen Regionen, insbesondere in den Anden und dem Himalaya, eine lebenswichtige Trinkwasserreserve für die dort lebenden Menschen darstellt.

Trotz ihrer Bedeutung sind Gletscher weltweit bedroht. Der Klimawandel hat zu einem rapiden Rückgang der Gletscher geführt, da steigende Temperaturen das Eis schmelzen lassen und die Gletscher schrumpfen. Dies hat nicht nur Auswirkungen auf die Wasserressourcen und das Ökosystem, sondern auch auf den Meeresspiegelanstieg, das Klima und das Risiko von Naturkatastrophen wie Überschwemmungen und Erdrutschen. Der Rückgang der Gletscher ist ein alarmierendes Zeichen für die Notwendigkeit, Maßnahmen zum Schutz unserer Umwelt zu ergreifen.

FEUERBERGE DER ERDE

Vulkane sind beeindruckende Naturgewalten, die seit jeher die Menschen faszinieren und gleichzeitig in Angst und Schrecken versetzen. Diese majestätischen Berge aus Feuer und Lava entstehen durch geologische Aktivitäten tief im Inneren der Erde. Wenn das Magma an die Oberfläche dringt, bricht es mit enormer Kraft und Hitze aus und formt spektakuläre Landschaften. Tatsächlich werden über 75 Prozent aller Vulkane auf der Erde unter Wasser gefunden, hauptsächlich entlang der mittelozeanischen Rücken, wo sie ständig neues Meeresbodenmaterial ausstoßen.

Einer der bekanntesten Vulkane ist der Vesuv in Italien, dessen Ausbruch im Jahr 79 n. Chr. die Städte Pompeji und Herculaneum unter einer Schicht aus Asche und Bimsstein begrub. Ein weiteres berühmtes Beispiel ist der Mount St. Helens in den USA, der 1980 mit einer gewaltigen Explosion einen Großteil seines Gipfels in die Luft schleuderte und eine riesige Aschewolke freisetzte.

Vulkane gibt es in verschiedenen Formen und Größen. Schildvulkane wie der Mauna Loa auf Hawaii haben sanft abfallende Hänge und erzeugen meist effusive, also weniger explosive, Lavaausbrüche. Schichtvulkane oder Stratovulkane wie der Fuji in Japan sind steiler und tendieren zu explosiveren Eruptionen. Einige Vulkane, wie der Eyjafjallajökull in Island, liegen unter Gletschern und verursachen durch die Mischung von Feuer und Eis besonders spektakuläre Ausbrüche.

Aber Vulkane sind nicht nur zerstörerische Kräfte. Sie spielen auch eine entscheidende Rolle im Kreislauf der Erde, indem sie neue Landmassen schaffen und mineralreiche Böden hervorbringen, die besonders fruchtbar sind. Diese Böden haben dazu beigetragen, dass viele Vulkangebiete dicht besiedelt sind, da sie ideale Bedingungen für die Landwirtschaft bieten.

DAS GRÜNE GOLD CEYLONS

Die Teeplantagen von Sri Lanka sind eine malerische und faszinierende Landschaft, die sich über die sanften Hügel der zentralen Hochländer der Insel erstreckt. Diese Plantagen sind weltweit für ihren hochwertigen Ceylon-Tee bekannt, der für seinen reichen Geschmack und seine aromatischen Eigenschaften geschätzt wird. Die Geschichte des Teeanbaus in Sri Lanka reicht bis ins 19. Jahrhundert zurück, als die britischen Kolonialherren die Insel für den Teeanbau entdeckten und die ersten Plantagen anlegten. Der Tee ersetzte den auf der Insel zuvor weit verbreiteten Kaffeeanbau, nachdem eine Pilzkrankheit in den 1870er-Jahren die gesamten Kaffeekulturen vollständig zerstört hatte.

Heute erstrecken sich die Teeplantagen von Sri Lanka über Tausende von Hektar Land und bieten atemberaubende Ausblicke auf endlose Reihen von Teebüschen, die in sanften grünen Wellen über die Hügel rollen. Die Arbeit auf den Plantagen ist hart, und die Teepflückerinnen, die oft Frauen sind, sammeln sorgfältig die zarten Blätter, die dann zu duftenden Teeblättern verarbeitet werden. Der Besuch einer Teeplantage bietet nicht nur die Möglichkeit, den gesamten Prozess des Teeanbaus zu erleben, sondern auch die Gelegenheit, frisch gebrühten Ceylon-Tee zu kosten und mehr über die Kunst der Teeverarbeitung zu erfahren.

Neben dem Teeanbau bieten umliegende Hügel eine idyllische Kulisse für Wanderungen und Ausflüge, und die nahe gelegenen Städte wie Nuwara Eliya und Ella sind bekannt für ihre charmanten Kolonialgebäude, botanischen Gärten und atemberaubenden Aussichtspunkte.

Die Teeplantagen von Sri Lanka sind ein Symbol für die reiche Kultur und Naturvielfalt der Insel und bieten Besuchern eine unvergessliche Erfahrung inmitten der malerischen Landschaft des zentralen Hochlands.

FLAMINGOS UND VULKANE

Der Salar de Uyuni in Bolivien ist die größte Salzfläche der Welt und erstreckt sich über mehr als 10.000 Quadratkilometer. Diese einzigartige Landschaft entstand durch die Verdunstung prähistorischer Seen und hinterließ eine kristalline Salzkruste, die sich über das flache Gelände erstreckt. Diese ist an manchen Stellen bis zu zehn Meter dick und besteht hauptsächlich aus gewöhnlichem Kochsalz, aber der Salar ist auch das weltweit größte Reservoir an Lithium.

Während der Trockenzeit erscheint der Salar de Uyuni wie eine endlose, glitzernde weiße Ebene, die sich bis zum Horizont erstreckt. Dieses surreale Panorama lockt jedes Jahr Tausende von Besuchern an, die die einzigartige Schönheit und Ruhe des Ortes erleben möchten.

Während der Regenzeit, wenn der Salar von einer dünnen Wasserschicht bedeckt ist, spiegelt er den Himmel perfekt wider und erzeugt den berühmten »Spiegel des Himmels«-Effekt. Dieses Phänomen zieht Fotografen aus aller Welt an, die atemberaubende Bilder von der reflektierenden Oberfläche des Salars einfangen möchten. Aufgrund seiner extremen Flachheit und klaren Luft wird der Salar de Uyuni von Satelliten zur Kalibrierung von Höhenmessinstrumenten genutzt, da er eine der besten natürlichen Referenzflächen der Erde darstellt. Der Salar de Uyuni ist nicht nur ein landschaftliches Wunder, sondern beherbergt auch eine reiche Vielfalt an Flora und Fauna, darunter Flamingos, die in den nahegelegenen Lagunen leben. Die umliegenden Vulkanberge und geothermischen Quellen tragen zur Vielfalt der Ökosysteme bei und bieten Besuchern ein reiches Erlebnis der Natur.

Darüber hinaus ist der Salar de Uyuni auch ein wichtiger wirtschaftlicher Ort für die lokale Bevölkerung, da das Salz in Bergwerken abgebaut und weiterverarbeitet wird.

VON TIBET BIS VIETNAM

Der Mekong-Fluss in Südostasien ist ein faszinierendes Gewässer, das nicht nur für seine immense Länge und Bedeutung für die Region bekannt ist, sondern auch für eine einzigartige Eigenschaft: Seinen Namen ändert er sechsmal, während er durch verschiedene Länder fließt. Dieses Phänomen spiegelt die kulturelle Vielfalt und die komplexe Geschichte der Länder wider, die entlang des Mekong liegen. Mit einer Länge von über 4.900 Kilometern gehört der Mekong zu den längsten Flüssen der Welt und ist nach dem Jangtsekiang das zweitlängste Gewässer in Asien.

Der Fluss entspringt im Hochland von Tibet und trägt zunächst den Namen »Dza Chu«, was »Großes Wasser« bedeutet. Nachdem er China durchquert hat, ändert er seinen Namen in »Lancang Jiang«, dessen Auslegung »Turbulenter Fluss« ist. Beim Eintritt in Laos wird er zum »Mae Nam Khong«, ein Name, der »Mutter des Wassers« entspricht, und behält diesen Namen auch in Thailand bei. In Kambodscha wird er »Tônlé Thom«, was sich mit »Großer Fluss« übersetzen lässt, und im weiteren Verlauf »Tônlé Sâp«, die Bezeichnung für »Frischwasserfluss«. Schließlich erreicht der Fluss Vietnam und wird zum »Cửu Long«, ein Ausdruck, der »Neun Drachen« meint, in Anspielung auf die neun Mündungsarme des Mekong-Deltas.

Der Mekong ist zudem der weltweit artenreichste Fluss, da er Heimat für über 1.100 verschiedene Fischarten ist, darunter der vom Aussterben bedrohte, riesige Mekong-Wels.

Diese Namenswechsel sind nicht nur linguistische Kuriositäten, sondern reflektieren auch die kulturellen, historischen und geopolitischen Einflüsse, die den Mekong und die Länder, die er durchquert, geprägt haben. Der Mekong ist nicht nur ein Fluss, sondern ein Symbol für die Vielfalt und Verflechtung der Kulturen und Völker Südostasiens.

GOLDRAUSCH AM LIMIT DER HÖHE

La Rinconada, die höchstgelegene dauerhaft besiedelte Stadt der Welt, befindet sich auf einer Höhe von etwa 5.100 Metern über dem Meeresspiegel in den peruanischen Anden. Diese abgelegene Stadt ist ein faszinierendes, aber auch herausforderndes Beispiel für menschliches Überleben in extremen Bedingungen. Aufgrund der extremen Höhe, in der der Sauerstoffgehalt der Luft um fast 50 Prozent geringer ist als auf Meereshöhe, ist das menschliche Leben dort nur durch eine extreme biologische Anpassung möglich.

Die Stadt erlebte einen bedeutenden Bevölkerungszuwachs aufgrund eines Goldrauschs, der Menschen aus ganz Peru und anderen Ländern anzog, die ihr Glück im Goldbergbau suchten. Heute leben in La Rinconada schätzungsweise 50.000 Menschen, die meisten von ihnen unter harten und gefährlichen Bedingungen. Die Lebensbedingungen in La Rinconada sind extrem. Die dünne Luft in dieser Höhe macht das Atmen schwer und kann zu Höhenkrankheit führen. Zudem sind die Temperaturen das ganze Jahr über kalt, oft unter dem Gefrierpunkt. Die Stadt hat keinen geregelten Zugang zu fließendem Wasser oder sanitären Einrichtungen, was die Lebensqualität zusätzlich beeinträchtigt.

Der Goldabbau erfolgt in der Regel informell und ohne ausreichende Sicherheitsvorkehrungen. Arbeiter verbringen lange Stunden in den Minen, oft mit wenig oder gar keinem Lohn, in der Hoffnung, am Ende des Monats einen Anteil am Gold zu erhalten. Das dort vorherrschende Arbeitssystem ist als cachorreo bekannt, bei dem die Arbeiter 30 Tage lang unbezahlt für die Mine arbeiten und am 31. Tag alles abbauen und behalten dürfen, was sie tragen können – eine Lotterie, die viele mit leeren Händen zurücklässt. Die Arbeitsbedingungen sind gefährlich, und es gibt Berichte über Kinderarbeit und andere Ausbeutungsformen.

INSEL IM WANDEL

Die Insel Sylt im Norden Deutschlands ist ein faszinierendes Beispiel für die Dynamik der Natur und ihre Auswirkungen auf die Landschaft. Sylt, berühmt für ihre atemberaubenden Strände und Dünen, unterliegt den ständigen Veränderungen der Gezeiten. Geologisch gesehen ist Sylt eine sogenannte »Barriereinsel« und ist extrem anfällig für Küstenerosion, wobei die Insel im Durchschnitt jährlich bis zu einen Meter Land an das Meer verliert.

Während der Ebbe dehnt sich die freigelegte Fläche auf etwa 99 Quadratkilometer aus, und bei Flut schrumpft die reine Landfläche auf etwa 80 Quadratkilometer. Diese beeindruckende Veränderung ihrer Größe im Laufe des Tages macht Sylt zu einem einzigartigen Reiseziel, das immer wieder neue Facetten offenbart. Die Gezeiten beeinflussen nicht nur die Größe, sondern auch das Erscheinungsbild und die Aktivitäten auf der Insel. Während der Flut bieten die breiteren Strände optimale Bedingungen zum Schwimmen und Surfen, während bei Ebbe die Gezeitenbecken und Wattflächen freigelegt werden, die ein reiches Ökosystem beheimaten und zu Erkundungen einladen. Der östlich von Sylt gelegene Wattenmeerbereich ist so einzigartig und ökologisch wertvoll, dass er zum UNESCO-Weltnaturerbe erklärt wurde und eine unersetzliche Raststätte für Millionen von Zugvögeln darstellt. Diese natürliche Vielfalt macht Sylt zu einem beliebten Ziel für Naturbeobachter und Abenteurer.

Die ständige Veränderung der Größe der Insel aufgrund der Gezeiten ist nicht nur ein faszinierendes Phänomen, sondern auch ein Hinweis auf die fragilen und dynamischen Prozesse, die unsere Umwelt formen. Es unterstreicht die Bedeutung des Respekts vor der Natur und der Notwendigkeit, nachhaltige Praktiken zu fördern, um die Schönheit und Vielfalt solcher einzigartiger Orte wie Sylt zu bewahren.

DIE EINSAMSTE INSEL DER WELT

Die Osterinsel, auch bekannt als Rapa Nui, ist ein abgelegener und isolierter Ort im Südostpazifik, der als einer der bewohnten Orte gilt, die am weitesten von jeglicher anderer Landmasse entfernt sind. Geografisch gesehen liegt die Osterinsel etwa 3.700 Kilometer westlich von Südamerika und 2.075 Kilometer östlich der nächsten bewohnten Landmasse, der Insel Pitcairn. Dieses entlegene Eiland ist politisch Teil Chiles und umfasst eine Fläche von etwa 163 Quadratkilometern.

Die Osterinsel ist berühmt für ihre beeindruckenden Moai-Statuen, die riesigen steinernen Skulpturen, die entlang der Küste und im Inland der Insel verteilt sind. Man schätzt, dass die polynesischen Ureinwohner im Laufe der Jahrhunderte fast 1.000 dieser Statuen geschaffen haben, wobei die größten mehr als 80 Tonnen wiegen. Diese Statuen, die oft als Zeichen einer faszinierenden indigenen Kultur betrachtet werden, sind ein Symbol für das kulturelle Erbe und die Geschichte der Osterinsel.

Trotz ihrer abgelegenen Lage hat die Osterinsel eine kleine, aber lebhafte Gemeinschaft von Einheimischen, die hauptsächlich in der Hauptstadt Hanga Roa leben. Die Bewohner leben von Fischerei, Landwirtschaft und Tourismus, wobei letzterer eine wachsende Einnahmequelle ist, da immer mehr Besucher die Insel entdecken möchten.

Die Entdeckung der Insel durch Europäer erfolgte am Ostersonntag des Jahres 1722, weshalb sie ihren heutigen Namen erhielt, während die ursprünglichen polynesischen Bewohner sie als »Rapa Nui« (Große Rapa) bezeichneten.

Der Tourismus konzentriert sich hauptsächlich auf die reiche Kultur und Geschichte der Osterinsel sowie auf ihre beeindruckende Landschaft, die von vulkanischen Formationen, grünen Tälern und malerischen Stränden geprägt ist.

TANZ VON MOND UND SONNE

Gezeiten sind ein faszinierendes Naturphänomen, das durch die Anziehungskraft von Mond und Sonne auf die Erde entsteht. Diese Kräfte verursachen eine periodische Anhebung und Absenkung des Meeresspiegels entlang der Küsten und beeinflussen so das Leben in den Ozeanen und an den Küstenlinien auf der ganzen Welt.

Der Mond spielt die größte Rolle bei der Entstehung der Gezeiten. Durch seine Anziehungskraft entstehen Gezeitenwellen, die zweimal täglich den Meeresspiegel anheben und senken. Wenn der Mond über dem Ozean steht, zieht er das Wasser in Richtung seines Gravitationszentrums und verursacht Flut. Auf der gegenüberliegenden Seite der Erde entsteht eine weitere Flut durch die Zentrifugalkraft der Erdrotation. Faktisch ist die gesamte Gezeitenkraft, die das Wasser bewegt, eine Differenzkraft, die aus der Gravitation des Mondes und der Zentrifugalkraft des Erd-Mond-Systems resultiert. Zwischen den Fluten liegen Ebbezeiten, wenn das Wasser zurückweicht.

Die Sonne trägt ebenfalls zur Entstehung der Gezeiten bei, obwohl ihre Wirkung weniger stark ist. Bei Vollmond und Neumond, wenn Sonne, Mond und Erde in einer Linie stehen, verstärkt sich die Anziehungskraft und es entstehen Springtiden mit besonders hohen Fluten und niedrigen Ebbezeiten. Bei Halbmond sind die Gezeitenunterschiede geringer und es entstehen Nipptiden. Die Gezeiten haben weitreichende Auswirkungen auf die Ökosysteme der Meere und das Leben an den Küsten. Sie beeinflussen die Navigation von Schiffen, die Lebenszyklen vieler Meereslebewesen, die Küstenerosion und die Bildung von Stränden. Weltweit existieren in bestimmten schmalen Buchten und Flussmündungen sogenannte »Gezeitenbohrungen« (tidal bores), bei denen die ankommende Flutwelle nicht langsam ansteigt, sondern als einzige, oft gefährliche Welle stromaufwärts rauscht.

ZUM SCHMUNZELN

In der 5. Klasse von Herrn Müller war die Aufregung förmlich greifbar. Der Geografie-Unterricht stand bevor, und Herr Müller, bekannt für seine kreativen Lehrmethoden, hatte sich wieder etwas Besonderes ausgedacht.

Jeden Montag präsentierte er eine knifflige Frage, und wer die richtige Antwort wusste, durfte sich bis Donnerstag frei nehmen. Die Schüler waren außer sich vor Begeisterung - freie Tage mitten in der Woche?

Am nächsten Montag stellte er die Frage: »Wie viele Liter Wasser hat das Mittelmeer?«

Doch keiner wusste die Antwort.

Am darauffolgenden Montag lautete die Frage: »Wie viele Sandkörner hat die Sahara?«

Wieder einmal waren alle Schüler ratlos.

Und als er am nächsten Montag fragte: »Wie viele Sterne hat die Milchstraße?« blieb die Klasse erneut stumm.

Doch dann, an einem weiteren Montag, legte Fritzchen einen Euro auf den Lehrertisch. Der Lehrer, leicht überrascht, fragte: »Wem gehört dieser Euro?«

Fritzchen, voller Stolz, antwortete: »Mir! Und tschüss bis Donnerstag!«

Die Klasse brach in Jubel aus, denn endlich hatte jemand die knifflige Frage richtig beantwortet und sich freie Tage verdient.

LESEN. BEWERTEN. VERBESSERN!

Vielen Dank von Herzen, dass Sie sich die Zeit genommen haben, dieses Buch bis zur letzten Seite zu begleiten. Ihre Entscheidung, meine Arbeit zu lesen, ist das schönste Kompliment, das ich als Autor erhalten kann. Ihre Unterstützung ist der wahre Antrieb hinter meiner Arbeit!

Ich hoffe aufrichtig, dass diese Reise durch die Seiten Ihnen genau das gebracht hat, was Sie gesucht haben – sei es tiefe Freude, spannendes neues Wissen oder wertvolle Inspiration für Ihren Alltag.

»Warum Ihre Bewertung den Unterschied macht«

Wenn Ihnen dieser Inhalt gefallen und Sie gut unterhalten oder informiert hat, möchte ich Sie heute um einen kleinen Gefallen bitten, der für mich persönlich von unschätzbarem Wert ist: Nehmen Sie sich bitte zwei Minuten Zeit für eine ehrliche Bewertung auf Amazon.

Für unabhängige Autorinnen und Autoren wie mich ist eine Rezension weit mehr als nur eine Zahl. Sie ist Gold wert, denn sie fungiert als wichtigster Wegweiser für neue Leser.

Ihre positive Rückmeldung signalisiert der Welt, dass dieses Buch lesenswert ist und hilft dem Amazon-Algorithmus, meine Werke Menschen vorzuschlagen, die genau wie Sie auf der Suche nach fesselndem Lesestoff sind. Sie tragen direkt dazu bei, dass meine Geschichten und Themen gehört werden.

Mit Ihrer Bewertung helfen Sie nicht nur mir, sondern ermöglichen auch anderen, dieses Buch zu entdecken und zu genießen. Sie ist die Brücke zwischen meinem Buch und seinem nächsten Leser.

Und so geht's:

1. Loggen Sie sich in Ihr Amazon Account ein
2. Navigieren Sie zu »Ihre Bestellungen«
3. Suchen Sie die Bestellung zu diesem Buch
4. Klicken Sie auf »Schreiben Sie eine Produktrezension«

Oder schnell und einfach zur Rezension

Es dauert nur einen Moment: Scannen Sie bitte den QR-Code, um direkt bei Amazon eine kurze Rezension für dieses Buch zu hinterlassen.

Vielen Dank!

Lindsay Moon

BUCHSERIE »UNNÜTZES WISSEN«

Hand aufs Herz: Wie oft haben Sie beim Lesen dieses Buches innegehalten und gedacht: »Das gibt es doch gar nicht!«? Genau dieses Gefühl des Staunens ist es, was uns antreibt. Sie haben gerade einen tiefen Einblick in die Kuriositäten und Wunder unserer Welt erhalten – doch wir versprechen Ihnen: Das war erst die Spitze des Eisbergs.

Meine gesamte Buchreihe »Unnützes Wissen« ist eine einzige Hommage an die Neugier. Ich jage unermüdlich nach den spannendsten Fakten, den unglaublichsten Rekorden und den schrägsten Geschichten aus allen erdenkbaren Wissensbereichen. In jedem weiteren Buch dieser Serie wartet eine völlig neue Mischung an Aha-Momenten auf Sie, die Ihren Geist wachhalten und Sie immer wieder aufs Neue überraschen werden.

Bleiben Sie ein Entdecker! Mit jedem Buch dieser Reihe sammeln Sie nicht nur faszinierendes Wissen, sondern auch den perfekten Stoff für gute Gespräche und Momente des gemeinsamen Lachens. Das Universum der verblüffenden Fakten ist grenzenlos – und ich habe es mir zur Aufgabe gemacht, Ihnen die besten Stücke daraus zu präsentieren. Welches Wissensgebiet darf Sie als Nächstes verzaubern? Ihre Entdeckungsreise ist noch lange nicht zu Ende – hier finden Sie weiteren Nachschub für Ihre Neugier:

Neugierig geworden?

Scannen Sie bitte den QR-Code, um die anderen spannenden Titel der Buchreihe »Unnützes Wissen« auf Amazon zu entdecken.

BUCHREIHE »BEWUSST LEBEN«

Es ist ein wunderbares Privileg, neugierig zu sein. Sie haben gerade eine Reise durch verblüffende Fakten und kuriose Erkenntnisse hinter sich gebracht und dabei gespürt, wie viel Freude es macht, den eigenen Horizont zu erweitern. Doch es gibt ein Wissensgebiet, das mindestens genauso spannend ist wie die Wunder der Welt: Ihr eigenes Leben und persönliches Wohlbefinden.

Wenn Sie die Neugier, die Sie als Leser meiner Wissensbücher auszeichnet, auf Ihren eigenen Alltag übertragen möchten, ist meine Buchreihe »Bewusst Leben« die ideale nächste Station für Sie. Während meine Faktenbücher den Geist unterhalten, bieten Ihnen diese Ratgeber die Werkzeuge, um Ihr Leben aktiv, gesund und erfüllt zu gestalten.

Ich glaube, dass Wissen erst dann seine volle Kraft entfaltet, wenn es uns hilft, glücklicher und bewusster zu leben. Ob mentale Klarheit, körperliche Balance oder eine neue Sichtweise auf alltägliche Herausforderungen – diese Serie liefert Ihnen die notwendigen Anleitungen für eine höhere Lebensqualität. Tauschen Sie für einen Moment das Staunen über die Ferne gegen konkrete Impulse für Ihr Hier und Jetzt. Sie haben es in der Hand, Ihr Leben genauso faszinierend zu gestalten wie die Fakten in meinen Büchern. Erfahren Sie, wie Sie Ihr Leben mit bewussten Entscheidungen bereichern können:

Neugierig geworden?

Scannen Sie bitte den QR-Code, um die anderen spannenden Titel der Buchreihe »Bewusst Leben« auf Amazon zu entdecken.

LINDSAY MOON: DIE FAKTENJÄGERIN

Die Autorin ist eine unverbesserliche Neugierige. Sie liebt es, die Welt zu verstehen – von der Funktionsweise des menschlichen Gehirns über die großen Ereignisse der Vergangenheit bis hin zu den kleinen, erstaunlichen Gesetzen der Natur. Ihre Bücher sind für alle, die das Gefühl lieben, plötzlich etwas Neues und Faszinierendes gelernt zu haben. Genau diese Begeisterung für das Detail ist ihr Antrieb.

Ihre Stärke liegt darin, dass sie riesige Mengen an Informationen sichtet und das Wirklich-Wichtige herausfiltert. Denn seien wir ehrlich: Das Wissen dieser Welt passt längst nicht mehr in ein einzelnes Regal. Um all die Fakten aus Mathematik, Chemie oder Astronomie zu durchforsten, hat Lindsay einen klugen Helfer. Die Künstliche Intelligenz spielt bei ihrer Recherche eine wichtige Rolle: Sie ist ihr präziser, blitzschneller Recherche-Assistent, der die gigantischen Datenmengen vorordnet. Diese Technologie erlaubt es ihr, die Arbeit von Tausenden von Stunden auf ein menschliches Maß zu reduzieren.

Aber die Entscheidung, was wichtig ist, die Interpretation und das Verfassen der Texte – das bleibt reine Handarbeit von Lindsay Moon. Sie sieht ihre Arbeit als das Entwirren eines riesigen Wissensknäuels, um die schönsten Fäden für uns alle sichtbar zu machen. Ihre Texte sind eine Einladung, die Welt mit offenen Augen zu sehen und sich bei jedem umgeblätterten Kapitel zu wundern, was die Geschichte und die Wissenschaft noch für uns bereithalten.

Für Lindsay gibt es keine uninteressanten Fakten, nur solche, deren Geschichte noch nicht gut erzählt wurde. Sie lädt Sie ein, gemeinsam mit ihr die schrägsten und klügsten Ecken des Wissens zu erkunden. Denn am Ende macht uns das Detailwissen einfach gesprächiger, bunter und ein Stück weit klüger.

IMPRESSUM

Lindsay Moon wird vertreten durch:

Copyright © 2026 Rüdiger Hössel

Erhardstraße 42, 97688 Bad Kissingen, Germany

KDP-ISBN Paperpack: 979-8326543431

Imprint: Independently published

Herstellung: Amazon Distribution GmbH

Auflage 2026

***

Die Illustrationen in diesem Buch wurden ganz oder teilweise mit Hilfe von künstlicher Intelligenz erzeugt. Der Einsatz dieser Technologien unterstützt die visuelle Gestaltung und hilft dabei, komplexe Inhalte anschaulicher darzustellen. Ich weise hier offen darauf hin, damit nachvollziehbar bleibt, wie die Bilder entstanden sind. Alle urheberrechtlich relevanten Punkte sowie die Nutzungsrechte wurden vor der Veröffentlichung geprüft und beachtet. Die dargestellten Szenen und Motive sind möglichst realistisch gestaltet, lassen jedoch bewusst Raum für künstlerische Interpretation und müssen daher nicht in jedem Detail der tatsächlichen Realität entsprechen.

***

Alle Rechte vorbehalten. Kein Teil des Werkes darf in irgendeiner Form (durch Fotokopie, Mikrofilm oder ein anderes Verfahren) ohne schriftliche Genehmigung des Autors reproduziert oder unter Verwendung elektronischer Systeme verarbeitet, vervielfältigt oder verbreitet werden.

www.ingramcontent.com/pod-product-compliance
Lightning Source LLC
Chambersburg PA
CBHW050100230526
45470CB00004B/1609